D1924235

Maria A. Musold

Außergewöhnliche Kundenbetreuung

Einfach mehr Umsatz – Praxiserprobte Methoden für beratende Berufe

BusinessVillage
Update your Knowledge!

Maria A. Musold
Außergewöhnliche Kundenbetreuung
Einfach mehr Umsatz –
Praxiserprobte Methoden für beratende Berufe
1. Auflage
Göttingen: BusinessVillage, 2009
ISBN 978-3-938358-88-7
© BusinessVillage GmbH, Göttingen

Bestellnummer
Druckausgabe Bestellnummer PB-782
ISBN 978-3-938358-88-7

Bezugs- und Verlagsanschrift
BusinessVillage GmbH
Reinhäuser Landstraße 22
37083 Göttingen
Telefon: +49 (0)551 2099-100
Fax: +49 (0)551 2099-105
E-Mail: info@businessvillage.de
Web: www.businessvillage.de

Layout und Satz
Sabine Kempke

Abbildung auf dem Umschlag
Petra Röder

Druck und Bindung
Hubert & Co GmbH und Co KG, Göttingen

Copyrightvermerk
Das Werk einschließlich aller seiner Teile ist urheberrechtlich geschützt. Jede Verwertung außerhalb der engen Grenzen des Urheberrechtsgesetzes ist ohne Zustimmung des Verlages unzulässig und strafbar.
Das gilt insbesondere für Vervielfältigung, Übersetzung, Mikroverfilmung und die Einspeicherung und Verarbeitung in elektronischen Systemen.
Alle in diesem Buch enthaltenen Angaben, Ergebnisse usw. wurden von dem Autor nach bestem Wissen erstellt. Sie erfolgen ohne jegliche Verpflichtung oder Garantie des Verlages. Er übernimmt deshalb keinerlei Verantwortung und Haftung für etwa vorhandene Unrichtigkeiten.
Die Wiedergabe von Gebrauchsnamen, Handelsnamen, Warenbezeichnungen usw. in diesem Werk berechtigt auch ohne besondere Kennzeichnung nicht zu der Annahme, dass solche Namen im Sinne der Warenzeichen- und Markenschutz-Gesetzgebung als frei zu betrachten wären und daher von jedermann benutzt werden dürfen.

Über die Autorin

Maria A. Musold gründete 1996 das Unternehmen Straßenberger Konsens-Training, das führende Weiterbildungsinstitut für Freie Berufe. Die Trainerin und ihr 16-köpfiges Team unterstützen ihre Kunden durch praxisbewährte Seminare – angefangen bei Führungskräftetrainings, Kommunikationsschulungen über Service- und Kundenorientierung bis hin zum Vermitteln von effektivem Beschwerdemanagement. Ziel ist stets: mehr Kundenzufriedenheit!

Die Praxisnähe der Schulungen wird garantiert durch ständige Erhebungen. Daraus entstanden die Studien *Der Steuerberater auf dem Prüfstand* (2002), *Mandanten sagen ihre Meinung* (2004) und *Brennpunkt Steuerberater* (2008), die sowohl in den Medien wie auch in den Kanzleien auf große Beachtung gestoßen sind. Mit ihrem Team führt die renommierte Trainerin zudem bundesweit Lehrgänge zum „Qualifizierten Kanzleimanager" – das Original! – durch. Im In- und Ausland hat sich Maria A. Musold auch durch zahlreiche Publikationen, Vorträge und Seminare eine erstklassige Reputation erarbeitet.

Kontaktdaten

Maria A. Musold
Straßenberger Konsens-Training
E-Mail: musold@strassenberger.com
Internet: www.strassenberger.com

Danksagung

In dieses Buch fließen meine Kenntnisse aus der Zusammenarbeit mit meinen Kunden ein. Mein herzliches Dankeschön gilt daher all meinen **Kunden und Seminarteilnehmern**, die mir den Einblick in die verschiedensten Problematiken gaben und mir ihr vollstes Vertrauen schenkten. Dank gebührt auch meinem **Team** – insbesondere **Regina Matzke** –, das mir stets den Rücken freihielt.

Anke von Salzen, Christiane Bölhoff und **Ingrid von Mensenkampff** danke ich für die wertvollen Hinweise und Tipps zu den einzelnen Inhalten des Buches. Herzlichen Dank auch an **Erika Habenicht**, die mit mir die Inhalte diskutierte und mir zahlreiche wertvolle Anregungen gab. Besonders danken möchte ich meinem **Ehemann** für die vielen ermutigenden Worte und das geduldige Zuhören.

Der größte Dank jedoch gilt Ihnen, **liebe Leserinnen und Leser**. Sie bringen mir viel Vertrauen entgegen, da Sie sich für meine Tipps interessieren, um Ihr Unternehmen vorwärtszubringen. Dabei wünsche ich Ihnen viel Freude und vor allem viel Erfolg.

An wen richtet sich dieses Buch?

Das Buch richtet sich vor allem an Geschäftsführer und Mitarbeiter der Büros von:

- Steuerberatern, Wirtschaftsprüfern
- Rechtsanwälten
- Notaren
- Versicherungsagenturen
- Banken
- Unternehmensberatungen
- Architekten
- Immobilienmaklern

Das Buch ist so konzipiert, dass jedes Kapitel eine geschlossene Einheit bildet und sich gezielt herausgreifen lässt. Es ist als Arbeitsbuch gedacht, aus der Praxis entstanden und für die praktische Anwendung geschrieben. Wo immer ein Bezug zum Arbeitsalltag möglich war, habe ich dies berücksichtigt. Mehr noch, mein Anliegen ist es, den konkreten Einsatz im Arbeitsalltag in den Mittelpunkt zu stellen, um Impulse zu geben. Durch die Analyse von Situationen des Arbeitsalltags können Sie verkrustete Arbeitsabläufe aufbrechen und optimieren. Durch eine sensibilisierte Wahrnehmung von sich selbst und dem Verhalten des Kunden können Sie neue Denkmuster entwickeln, die Ihnen helfen, unverstellt dem Kunden gegenüberzutreten.

> **!**
>
> **Anmerkung zum Sprachgebrauch**
>
> Die zur Bezeichnung von Personen herangezogenen Substantive in diesem Buch werden aus Gründen der Einfachheit geschlechtsneutral verwendet werden, das heißt, die Begriffe „Kunde", „Mandanten", „Klienten" schließen immer sowohl Frauen als auch Männer ein.

Vorwort

„Wir haben zu viele ähnliche Firmen,
die ähnliche Mitarbeiter beschäftigen,
mit einer ähnlichen Ausbildung,
die ähnliche Arbeiten durchführen.
Sie haben ähnliche Ideen
und produzieren ähnliche Dinge
zu ähnlichen Preisen
in ähnlicher Qualität.
Wenn Sie dazu gehören,
werden Sie es in Zukunft schwer haben."
(Karl Pilsl)

Liebe Leserin, lieber Leser,
dieses Buch wendet sich an die Mitglieder der freien Berufe. Daher gehe ich davon aus, dass Sie einer von den über 1.000.000 in einem freien Beruf Selbstständigen in Deutschland sind.

Damit Sie sich erfolgreich von dieser massiven Konkurrenz abheben können, brauchen Sie mehr als einen qualifizierten Abschluss und Kompetenz: Sie müssen Ihre Kunden außergewöhnlich gut betreuen und sich dadurch vom Wettbewerb unterscheiden.

Die Kunden haben sich verändert: Sie sind heute anspruchsvoller, kritischer und fordernder. Warum also sollen sich die Kunden ausgerechnet für Sie entscheiden? Die Antwort ist einfach: Ihretwegen und wegen Ihrer Mitarbeiter! Die Kunden kommen zu Ihnen, wenn sie sich auf Sie verlassen können, wenn Sie ihre Sprache sprechen, wenn Sie sich um sie kümmern und sich für sie einsetzen. Kunden wollen ernst genommen werden und sich wertgeschätzt fühlen – und das sollten Sie ihnen auch zeigen. Dadurch machen Sie Ihr Angebot außergewöhnlich und einzigartig.

Nur wer die sogenannten „weichen Faktoren" – die Soft Skills – überzeugend und authentisch beherrscht und nutzt, wird im Wettbewerb um die besten Kunden zu den Gewinnern zählen. Denn die Art und Weise, wie Sie und Ihre Mitarbeiter Ihre Kunden beraten und betreuen, wird immer mehr zum entscheidenden Faktor für Kundenzufriedenheit und Kundentreue in einer Welt, in der Dienstleistungen nahezu austauschbar sind.

Um diese „weichen Faktoren" und wie Sie sie nutzbringend im Kampf um Kunden einsetzen, geht es in diesem Buch. Es zeigt Ihnen, wie Sie das Potenzial der gelebten Kundenorientierung entfalten und davon profitieren. Der schöne Nebeneffekt: Gelebte Freundlichkeit und Wertschätzung des Kunden kostet Sie noch dazu keinen Cent extra. Im Gegenteil: Wenn Sie Ihre Kunden sorgfältig pflegen, binden Sie diese nicht nur, sondern Ihre begeisterten Kunden werden Sie im Freundes- und Bekanntenkreis gern weiterempfehlen. Und Mundpropaganda ist bekanntlich die beste – und günstigste – Form der Werbung.

Im Folgenden erfahren Sie, wie Sie es schaffen, dafür zu sorgen, dass Ihre Kunden sich außergewöhnlich gut betreut fühlen. Sie erfahren, welche Ansatzpunkte zur Veränderung es gibt und wie Sie eingeschliffene Verhaltensweisen durch neue – die Kunden begeisternde – ersetzen. Sie erhalten eine kompakte Einweisung in elementares Wissen über Kundenorientierung, denn zunächst brauchen Sie ein Fundament, das standfest ist, um von da aus mit außergewöhnlichem Service den Kunden überraschen und begeistern zu können. Jedes Kapitel enthält detaillierte Anleitungen zur „Selbstdiagnose", Checklisten und Arbeitsunterlagen, damit es Ihnen leichtfällt, meine Anregungen im Alltag umzusetzen.

Um einzigartig und unverwechselbar für Ihren Kunden zu sein, dürfen Sie keine aufgesetzten Floskeln oder ein übergestülptes Image verwenden. Entdecken Sie Ihr eigenes Potenzial, schälen Sie Ihre eigene Identität heraus, um aus dem Mittelmaß herauszukommen und im Wettbewerb zu bestehen. Dazu müssen Sie nicht nur die Erwartungen der Kunden erfüllen – Sie müssen sie übertreffen! Bieten Sie Ihren Kunden ein überraschendes Extra an Freundlichkeit, Hilfsbereitschaft und Komfort, und begeistern Sie sie dadurch. Sie werden es erleben, es lohnt sich! Für beide Seiten!

Wenn Sie Fragen zum Inhalt, Anregungen oder Wünsche haben, können Sie sich jederzeit an mich wenden – per E-Mail (musold@strassenberger.com) oder per Telefon: +49 (0) 73 66 92 13-27.

Mit den besten Grüßen

Ihre

1.

Der Ausgangspunkt: Aktive Kundenbetreuung

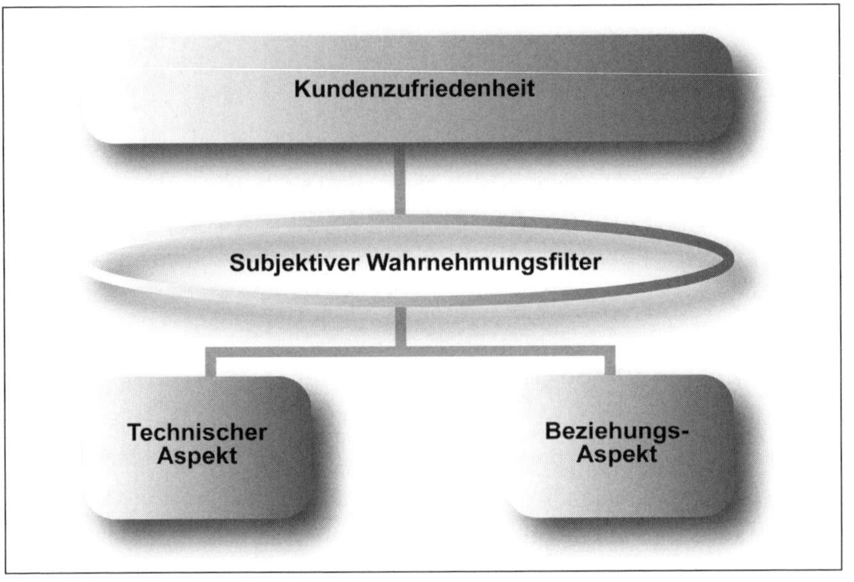

Abbildung 1: Kundenzufriedenheit

Ein zufriedener oder sogar begeisterter Kunde ist das ideale Ergebnis für jede erbrachte Dienstleistung, denn das verspricht Kundentreue und Mundpropaganda – die besten Erfolgsgaranten für jedes Unternehmen. Um einen zufriedenen Auftraggeber zu erhalten, müssen Sie in den heutigen Zeiten sehr viel Fingerspitzengefühl beweisen. Denn der Kunde von heute ist anspruchsvoll. Er ist weit davon entfernt, sich mit einem „Service-Trabant" zufriedenzugeben, er will lieber gleich den Rolls Royce unter den Dienstleistungen – und am liebsten sofort! Woran erkennt er aber, dass er an Ihnen ein wahres Luxusmodell hat, mit dem er gut fährt? Vor allem am äußeren Erscheinungsbild und dem Markenlabel.

Werfen Sie einen Blick durch die Kundenbrille auf Ihre Leistungen. So können Sie schnell erkennen, welche besonderen Wünsche der Kunde hat, wie er sich Ihre Dienstleistung vorstellt und wie er sie wahrnimmt. Dabei ist die

Wahrnehmung Ihrer Leistung ausschlaggebend für seine Zufriedenheit. Zur genaueren Betrachtung lässt sich Kundenwahrnehmung in zwei Aspekte unterteilen:

1.1 Der technische Aspekt und der Beziehungsaspekt

Der technische Aspekt: Das Ergebnis

Wenn Sie zu einem Notar gehen, um eine Immobilie zu verkaufen, ist der technische Aspekt der vom Notar erbrachten Dienstleistung erfüllt, wenn der Verkauf Ihrer Immobilie an den Käufer als neuen Besitzer der Immobilie vom Notar beurkundet wurde. Der technische Aspekt ist also das erbrachte Dienstleistungs-Produkt oder das Ergebnis.

Der Beziehungsaspekt: Der Weg zum Ergebnis

Wichtig für den Immobilienkäufer und -verkäufer ist neben der zuverlässigen und fehlerlosen Abwicklung des Immobiliengeschäfts die Pünktlichkeit des Notars, die freundliche Behandlung in der Kanzlei, eine angenehme Atmosphäre im Beratungszimmer, klare Antworten auf die Fragen von Käufer und Verkäufer, also die rund um das Produkt erbrachte Dienstleistung. Während die empfundene Qualität des technischen Aspekts sich ausschließlich auf das sachliche Ergebnis bezieht, also im Beispiel auf die Beurkundung Ihres Immobilienverkaufs, ist die Qualität des Beziehungsaspekts während der gesamten Zeit Ihrer Vorverhandlungen, Ihrer klärenden Gespräche bis hin zur Atmosphäre während der eigentlichen Beurkundung der persönlichen und subjektiven Prüfung Ihrerseits als dem Notarkunden unterworfen.

Denken Sie nun bitte darüber nach, wie Sie in den drei Phasen der Kundenbetreuung Ihren Kunden von der Qualität Ihres Service überzeugen können:

Die **prüfbaren Komponenten** zu Beginn der Kundenbeziehung.
Welche Meinung bildet sich der Kunde im Vorfeld von Ihnen und Ihrem Unternehmen? Er vergleicht Ihr Angebot mit den Angeboten des Wettbewerbs. Er wertet das Ambiente und die Ausstattung der Kanzleiräume, der Büros, das äußere Erscheinungsbild der Mitarbeiter, den Firmenauftritt, wie er sich in Briefpapier, Homepage und Flyern darstellt. Empfehlungen Dritter wie das aus der Werbung resultierende Image des Unternehmens prägen die Meinung, die zu Beginn einer Kundenbeziehung besteht.

Die **Erfahrungskomponenten**, die sich im Verlauf der Beziehung zum Dienstleister ansammeln:
Während des Dienstleistungsvorgangs sammelt der Kunde neue und subjektive Erkenntnisse über den Service, zum Beispiel über die Freundlichkeit der Mitarbeiter: Wie reagieren die Mitarbeiter auf seine Wünsche, wie schnell setzen sie Beschlossenes um, wie argumentieren sie, wenn etwas nicht realisierbar ist, wie korrekt werden Zusagen eingehalten?

Die **Vertrauenskomponenten**, die nach erbrachter Leistung die noch bleibenden Unsicherheitsfaktoren überwinden helfen:
Es gibt Teile einer Dienstleistung, deren Qualität ein Kunde nicht beurteilen kann, weil er nicht über die notwendigen Kenntnisse verfügt. Besonders bei Dienstleistungen von Anwälten, Steuerberatern oder Bankberatern ist es für den Kunden schwierig zu beurteilen, wie effektiv die Verteidigung war, ob alle Möglichkeiten bei der Einkommenssteuererklärung genutzt wurden, ob das Geld bei der Bank gut angelegt ist. Hier bleibt dem Kunden nichts anderes übrig, als dem Dienstleister zu vertrauen.

Der Beziehungsaspekt: Der Weg zum Ergebnis

Dienstleistung	Technischer Aspekt	Beziehungsaspekt
Steuerberater	Er plant steuerrelevante Sachverhalte, führt die steuerlichen Angelegenheiten durch. Er hilft bei der Erstellung von Steuererklärungen und der Überprüfung von Steuerbescheiden (Steuerdeklaration). Er ist die Vertretung des Steuerbürgers in Streitfällen mit der Finanzverwaltung. Er berät über Möglichkeiten, wie die Steuerlast künftig minimiert werden kann.	Ambiente in Kanzlei/Büro, Freundlichkeit, Sich-Zeit-nehmen für den Kunden, keine Wartezeiten, auf Sonderwünsche eingehen, schnelle Erreichbarkeit, gute Öffnungszeiten, faires Preis-Leistungs-Verhältnis, angenehme Beratung, einfache Wege für Kunden, äußeres Erscheinungsbild und Arbeitseinstellung der Mitarbeiter, gutes Parkplatzangebot. *Bitte ergänzen Sie aus Ihrem eigenen Erfahrungsbereich:*
Rechtsanwalt	Verhilft seinem Auftraggeber mit rechtsstaatlichen Mitteln zu seinem Recht. Er informiert seinen Mandanten über die Rechtslage, seine Erfolgschancen, die Möglichkeiten einer Beweissicherung und die anfallenden Kosten sowie das Kostenrisiko.	
Notar	Erörtert die vorsorgende Gestaltung der Rechtsbeziehungen und schlägt rechtliche Lösungen vor, die den Willen der Beteiligten wiedergeben.	
Architekt	Erstellt unter Berücksichtigung der Kundenwünsche den Bauplan, vom Entwurf bis hin zur Werk- und Detailplanung. Übernimmt die Baustellenleitung und überwacht die richtige Ausführung der geplanten Arbeiten.	
Immobilienmakler	Hat die Aufgabe, den zu erwartenden Verkaufserlös zu bestimmen und den Verkäufer bezüglich aller Modalitäten zu beraten und ihm fachlich zur Seite zu stehen.	
Versicherungsmakler	Kauft, verkauft und vermittelt Versicherungsleistungen aller Art. Hierbei prüft er „alle" aktuell am Versicherungs-Markt gängigen Policen des jeweiligen Segments.	

Die Wichtigkeit des technischen Aspektes und des Beziehungsaspektes

Die Idee, dass vor allem durch eine hohe Qualität des technischen Aspekts Kundenzufriedenheit erreicht werden kann, erscheint im ersten Augenblick einleuchtend. Denn ein Rechtsanwalt kann noch so freundlich sein, wenn er nicht wie vereinbart zum Gerichtstermin erscheint und ihn kompetent verteidigt, ist jeder Klient unzufrieden.

Diese These gerät allerdings ins Wanken, sobald es sich um Produkte handelt, deren technische Qualität ein Kunde im Normalfall nicht wirklich beurteilen kann. Beim Kauf eines Computers zum Beispiel schrauben die wenigsten Käufer die Verkleidung ab, um nachzusehen, ob die Qualität der Soundkarte, Grafikkarte und des Prozessors wirklich entsprechend ist. Ein Anwalt garantiert das bestmögliche Ergebnis, wirklich kontrollieren kann der Klient das nicht. Aber das Ambiente und die Freundlichkeit in einer Anwaltskanzlei kann jeder beurteilen.

Um eine positive Wahrnehmung Ihrer Leistung zu erreichen, müssen Sie sowohl die technische Ebene als auch die Beziehungs-Ebene für den Kunden überzeugend erfüllen. Es hängt ganz vom Produkt ab, ob das Hauptaugenmerk des Kunden eher auf der technischen Ebene oder auf der Beziehungsebene liegt. Besonders beratende Berufe sind hier näher an der Beziehungsebene angesiedelt, da kaum ein Kunde die technische Qualität des Ergebnisses wirklich beurteilen kann.

1.2 Die subjektiven Wahrnehmungsfilter – wie nimmt der Kunde die Leistung wahr?

Ein und dieselbe Dienstleistung wird je nach Kunde unterschiedlich erlebt und wahrgenommen. Das macht es jedem Unternehmer so schwierig, Kundenzufriedenheit zu planen, denn es gibt viele subjektive Wahrnehmungsfilter. Als Beispiele sind hier einige dieser Wahrnehmungsfilter erläutert:

Misstrauen: Ist der Auftraggeber sich über Teilaspekte des Produkts im Unklaren, wird er auch nicht zufrieden sein. Zweifel können auftauchen, wenn der Kunde sich nicht sicher ist, die richtige Dienstleistung erworben zu haben, etwa weil der Kunde eines Immobilienmaklers zweifelt, ob die Wohnung tatsächlich rundum saniert wurde und so den hohen Preis rechtfertigt.

Kontrollverlust: Ein Kunde, der sich aus dem Dienstleistungsprozess ausgeschlossen fühlt, empfindet dies als Kontrollverlust und erlebt es als einen Zustand von Ausgeliefert-sein. Geben Sie Ihrem Kunden darum unbedingt immer einen Zwischenbescheid, wie der Verlauf der Dienstleistung ist. Informieren Sie ihn über Verspätungen und nennen Sie ihm einen verbindlichen Termin, bis wann das (Teil-)Ergebnis fertiggestellt werden kann.

Image: Besonders wenn eine Leistung in hohem Maße vom Vertrauenswert geprägt ist, spielt das Image des Unternehmers eine maßgebliche Rolle. Was halten Freunde und Kollegen von meinem Steuerberater? Welche Bewertungen bekommt das Urlaubshotel von anderen Touristen? Ist das Image überdurchschnittlich, so werden kleine Mängel eher als einmaliger Ausrutscher oder eine Nichtigkeit abgetan. Deswegen ist nicht nur bei beratenden Berufen ein gutes Image unbezahlbar.

Um die subjektiven Filter, die die Wahrnehmung beeinflussen, für Ihr Unternehmen sprechen zu lassen, hilft nur Eines: Lassen Sie Ihren Kunden zu keinem Zeitpunkt im Unklaren. Geben Sie ihm eine zuvorkommende Beratung, zu jedem Zeitpunkt gute Information und fördern Sie sein Vertrauen dadurch, dass Ihr Image so perfekt und begehrenswert ist wie das eines Rolls Royce.

Wie entsteht Kundenzufriedenheit?

Kundenzufriedenheit entsteht, wenn Sie es schaffen, die Erwartungen eines Kunden zu erfüllen. Kundenbegeisterung entsteht, wenn Sie die Erwartungen übertreffen.

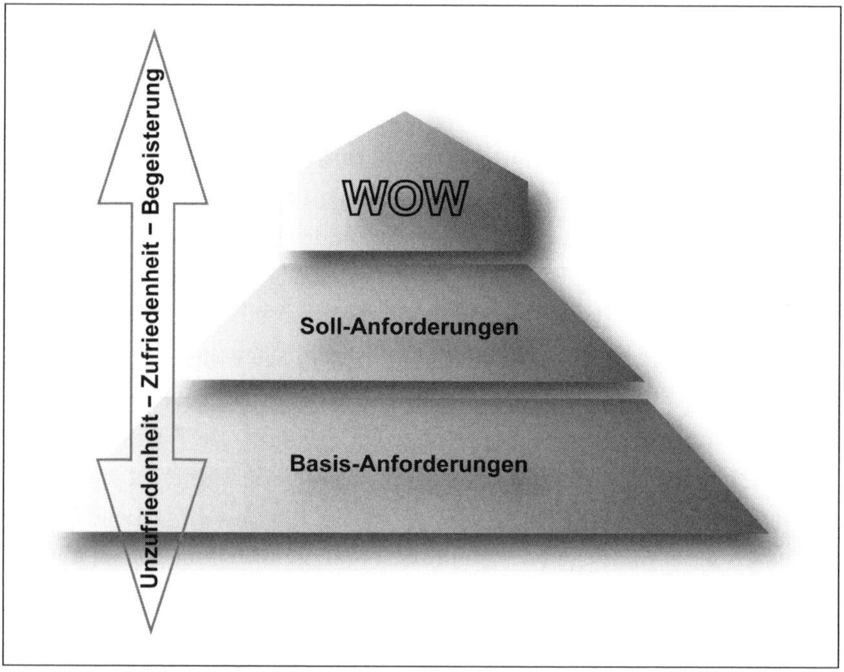

Abbildung 2: Der WOW-Effekt

Die Erwartungen des Kunden sind Anforderungen an Sie. Unterscheiden Sie hierbei drei Kategorien:

😐 **Basisanforderungen: „Es ist nichts Besonderes!"**
Was der Dienstleister nach Meinung des Kunden anbieten **muss**. Das sind grundlegende Bestandteile, über die der Kunde nicht lange nachdenkt, er setzt sie voraus. In dieser Kategorie geht es um fristgerechte und qualitativ zufriedenstellende Arbeit und ein angemessenes Preisniveau. Werden die Basisforderungen nicht erfüllt, wird der Kunde höchst unzufrieden und denkt über einen möglichen Wechsel nach. Werden sie aber erfüllt, heißt es noch lange nicht, dass der Kunde zufrieden ist. Über großartige Innovationen nachzudenken, lohnt sich hier auf keinem Fall.

☺ **Soll-Anforderungen: „Es ist alles in Ordnung."**
Was der Unternehmer anbieten **soll**. Das sind Service-Anforderungen, die der Kunde erwartet, aber im Unterschied zu den Basisanforderungen deutlich als Erwartung artikuliert. Hier können Sympathiepunkte gesammelt werden, wenn diese definitiven Erwartungen, was die Dienstleistung beinhalten sollte, erfüllt werden. Unzufriedenheit herrscht, wenn sie nicht erfüllt werden. Das kann die kompetente und trotzdem allgemeinverständliche Beratung in einer Bank sein, dass der Kunde bei seinem Steuerberater in angenehmer Atmosphäre beraten wird und die Sanitäranlagen dort hygienisch sauber sind, ein Zwischenbescheid bei Verzögerungen oder dass ein Immobilienmakler Bildmaterial und Infos schriftlich aufbereitet für den Interessenten bereithält ...

☺☺ **Wow-Faktor: „Einfach super!"**
Was der Unternehmer anbieten **kann**: Diese Leistung wird vom Kunden nicht erwartet. Die Kunden können solche Anforderungen oft nicht genau formulieren, aber empfinden sie als sehr nützlich, damit heben Sie sich für den Verbraucher deutlich von der Konkurrenz ab. Die damit erreichte posi-

tive Überraschung führt zur Begeisterung und damit zur Weiterempfehlung und Kundentreue. Das kann ein Architekt sein, der sich auf Bauherrn mit besonderen Bedürfnissen spezialisiert hat und ihnen einen Hol- und Bringservice zur Baustellenbesichtigung anbietet.

Erst wenn die Basis- und Soll-Anforderungen von Ihnen überzeugend ausgeführt werden, können Sie sich durch den Wow-Faktor die Begeisterung Ihrer Kunden erarbeiten. Ohne eine solide Basis hilft kein überraschendes Extra.

Beispiel aus der Rechtsanwaltspraxis

Basisanforderungen: *Ein Klient möchte von einem Rechtsanwalt bei einem Arbeitsgerichtsprozess kompetent vertreten werden und sich vorher mit ihm beraten.*

Soll-Anforderungen: *Der Rechtsanwalt wird zur Vertrauensperson. Dadurch erwartet der Mandant einen zuverlässigen, guten Zuhörer, Diskretion, Interesse. Er möchte pünktlich zum vereinbarten Termin beginnen können und will umfassend informiert werden. Er erwartet, dass der Anwalt ihm die Angst vor der Gerichtsinstitution nimmt, indem er die Angelegenheit zuverlässig übernimmt und seinem Mandanten alles allgemeinverständlich erklärt. Der Klient erwartet, seinen Anwalt bei Fragen stets telefonisch erreichen zu können.*

Wow-Faktor: *Eine auf Medizinrecht spezialisierte Rechtsanwältin in München bietet ihren älteren oder körperlich beeinträchtigten Klienten Hausbesuche als Service-Extra an, die gerne angenommen werden. Auch bei unangenehmen oder vertraulichen Fällen wird es Ihrem Klienten leichter fallen, in den eigenen vier Wänden über sein persönliches Problem zu sprechen. Für dieses Extra ist so mancher Klient auch bereit, einen höheren Stundensatz in Kauf zu nehmen. Hausbesuche sind für Steuerberater bereits ein nahezu gängiger Service, als Anwalt erzielen Sie damit immer noch einen Wow-Faktor.*

Jeder Wow-Faktor hat ein Verfallsdatum. Denn gute Ideen werden von der Konkurrenz kopiert, sodass nach einigen Jahren der Wow-Faktor zum Soll-Faktor wird und nichts Außergewöhnliches mehr hat. Die Kaffeemaschine, Getränke oder Illustrierte im Wartebereich von Kanzleien sind inzwischen schon Standard. Mancher Unternehmer steht dem Wow-Faktor eher skeptisch gegenüber, da er sich unter Druck gesetzt fühlt, die Kunden ständig aufs Neue überraschen zu müssen, wenn er erst einmal damit angefangen hat.

Keine Angst – Wow-Effekte müssen nicht in ständig wechselnder hoher Frequenz erfolgen! Ist ein Wow-Faktor zum Soll-Faktor geworden, bleibt bei Ihren Kunden noch lange die positive Erinnerung an die Überraschung. Wenn Sie mit Überraschungen übertreiben, gehen Sie den Kunden sogar eher auf die Nerven. Vertrauen Sie Ihrem Gespür, wie viel Wow-Effekte Ihre Kunden brauchen, um begeistert zu sein. Hören Sie Ihren Kunden zu, hören Sie heraus, was sie wollen, was sie sich wünschen, wovon sie träumen oder womit Sie ihnen den Alltag erleichtern können. Sie werden erleben, wie Ihnen aus den Gesprächen, beim Zuhören neue Wow-Faktoren einfallen.

Es gibt eine Art des Wow-Faktors, die immer wieder aufs Neue überrascht und sich niemals abnutzt: die authentische Freundlichkeit und Hilfsbereitschaft. Wertschätzen Sie Ihren Kunden und versuchen Sie ihm wirklich behilflich zu sein, dann haben Sie langfristig einen begeisterten Geschäftspartner, der nicht ständig auf neue Überraschungen wartet!

1.3 Wie Erwartungen entstehen

Mit Werbung und Außenauftritt, über Empfehlung, mit Ihrem Preisniveau und mit den Erfahrungen Ihrer Kunden lenken Sie selbst die Erwartungen Ihrer Kunden.

Dazu einige Beispiele:

1. Werbung: Stellt sich ein Unternehmen in Werbung und Außenauftritt als sehr hoch angesiedelt dar, sind die Erwartungen der Interessenten und Kunden entsprechend hoch gesteckt.
2. Empfehlung: Empfehlungen aus dem Freundes- und Kollegenkreis nimmt jeder gerne an. Weil wir Menschen aber zu Übertreibungen neigen, werden diese Empfehlungen auch meist positiv verzerrt sein: Aus einem motivierten Rechtsanwalt wird ein Jurist, der sich Tag und Nacht für den Mandanten engagiert.
   Sie vertrauen sich diesem Anwalt bereits mit einer erhöhten Erwartung an, wenn Sie der Empfehlung folgen. Erfüllt der Anwalt diese überzogene Erwartung nicht, sind Sie enttäuscht.
3. Preis: Je höher der Preis, desto größer ist die Erwartung an das Produkt. Für Kunden hängen Preis und Qualität unmittelbar zusammen. Bei niedrigen Preisen ist der Kunde eher bereit, Abstriche zu machen, da seine Erwartungen ohnehin nicht hoch sind.
4. Erfahrung: Haben Sie Ihren Kunden beim letzten Mal besonders zuvorkommend beraten, setzt er dies als Maßstab für die Zukunft.

Ein anderes Beispiel: Wurde ein Interessent vom Wettbewerb bereits mit Angeboten überhäuft, die in Ihrer Dienstleistung nicht enthalten sind, wird er diese Amgebote dennoch auch von Ihnen erwarten.

Kundenerwartungen erfüllen

Kunden kommen mit einer Fülle von Erwartungen. Neben Fachkompetenz haben dabei die „weichen" Faktoren einen sehr hohen Stellenwert. Unsere 2008 durchgeführte Studie für Steuerkanzleien *Brennpunkt Steuerberater* ergab zum Beispiel, dass für 72 Prozent der befragten Kunden Freundlichkeit sehr wichtig ist, eine gute Verständlichkeit ohne Fachchinesisch sogar für 84 Prozent der Befragten.

Im Folgenden eine Liste häufiger Kundenerwartungen: Gute Qualität, kompetente Beratung (Fachwissen), Sicherheit (Garantie, Reklamation und Beschwerde), Freundlichkeit (lächeln, angenehme Stimme, zuvorkommende Haltung), Höflichkeit, Ehrlichkeit, schnelle Hilfe, Zuverlässigkeit, aufmerksame Zuhörer, der ihn ernst nimmt, echtes Interesse zeigt, sich für ihn einsetzt, möchte „wichtig" sein, möchte als „Mensch" gesehen werden (nicht als Nummer), möchte geachtet und geschätzt werden, Diskretion, persönlicher Ansprechpartner, Wertschätzung, guten Service, gute Erreichbarkeit, gutes Klima – „Wohlfühleffekt", Leistung und Preis muss stimmen, Beschwerden sollen ernst genommen werden, schneller Rückruf, Rechnungen verständlich (transparent), auf Beschwerdebriefe wird reagiert, keine Betreuung nach der Uhr – Termin auch überziehen, kulante Entschädigungsregelungen, kundenorientierte Öffnungszeiten.

Je nach Dienstleister und Kunde haben diese Erwartungen einen unterschiedlichen Stellenwert. Nutzen Sie Ihre Möglichkeiten, die Erwartungen Ihrer Kunden kennenzulernen. Legen Sie Umfragebögen aus, fügen Sie sie Ihrer Korrespondenz bei, starten Sie eine Umfrage auf Ihrer Homepage – und vor allem, hören Sie Ihren Kunden zu. Ihre Kunden werden Ihnen sehr genau sagen, was sie wollen, was ihnen sehr wichtig ist und was weniger.

Auf was Sie besonders achten sollten:

1. Halten Sie sich stets vor Augen, wie Sie selbst als Kunde behandelt werden möchten, und behandeln Sie Ihre Kunden genau so.
2. Fundiertes Fachwissen ist Voraussetzung, um den Kunden kompetent beraten zu können.
3. Zuverlässigkeit bei Terminabsprachen ist selbstverständliche Höflichkeit.
4. Ehrlichkeit und Vollständigkeit im Angebot inklusive Zeitbedarf und mögliche Einschränkungen Ihrer Dienstleistung.

5. Umfassende Beratung, die mit echtem Interesse auf das Anliegen des Kunden eingeht.
6. Höflichkeit, Freundlichkeit und gute Umgangsformen.

Erwartungen können aus Kundenwünschen entstehen oder ihren Ursprung in Kundenbedürfnissen haben:

Kundenwünsche sind konkrete, formulierte Wünsche zu genau bezeichneten Leistungen und/oder Preisen. Ein klar definiertes Produkt wird gewünscht. Als Geschäftspartner, der diesen Wunsch erfüllt, sind Sie austauschbar.

Kundenbedürfnisse liegen weiter unter der Haut. Es handelt sich um die oft unbewussten Sehnsüchte, die nur schwer in klare Worte zu fassen sind. Unsere Bedürfnisse sind tief in uns verankert, so auch die Bedürfnisse unserer Kunden, die entsprechend schwer oder gar nicht direkt zu beeinflussen sind.

Die menschlichen Qualitäten jedoch wie Freundlichkeit, Zuverlässigkeit und Vertrauen, die sich jeder Kunde wünscht, können Sie erbringen. Und wenn Sie hierin Ihrem Wettbewerb überlegen sind, wird Ihr Kunde Sie kaum gegen einen anderen Geschäftspartner auswechseln.

Konkrete Wünsche erkennen

Es sind nicht unbedingt konkrete Äußerungen Ihrer Kunden, die Ihnen die besten Service- und Produktideen liefern. Achten Sie besonders auf das „zwischen den Zeilen" Gesagte. Die unbewussten Wünsche Ihrer Kunden stehen dort unausgesprochen geschrieben. Wer hiefür ein Ohr hat, trifft ins Schwarze, hat garantiert nachhaltig Erfolg. Seien Sie kreativ, oftmals wissen Kunden gar nicht, was sie haben wollen, bis Sie es ihnen zeigen. Kein Kunde hat jemals nach einem Kugelschreiber verlangt, bevor er 1938 von László Jozsef Biro erfunden wurde. Die Cornflakes, die heute praktisch jeden Frühstückstisch bereichern, sollten ursprünglich nur eine schmackhaftere Alternative zu dem pappigen Weizenbrei sein, die William und John Kellogg den fettleibigen Besuchern einer Kuranstalt sonst auftischten. Die nach dieser Idee von 1894 gegründete Firma hat heute einen Umsatz, der bei circa 10 Milliarden Dollar im Jahr liegt. Der Bedarf wurde aber erst deutlich, nachdem die Frühstücksflocken erfunden waren.

Kundenzufriedenheit – schon aus eigenem Interesse

Schaffen Sie es, die Erwartungen und Wünsche des Kunden zu befriedigen und ihm das Gefühl zu geben, dass er bei Ihnen für sein Geld mehr erhält, als bei der Konkurrenz, dann haben Sie dadurch nicht nur glückliche Kunden, sondern auch einen beträchtlichen Eigennutzen:

- Sie können damit Ihren Gewinn steigern.
- Langjährige Kunden erteilen im Schnitt höhere Aufträge.
- Durch Weiterempfehlung schenken Ihnen auch neue Kunden leichter ihr Vertrauen.
- Zufriedene Kunden testen eher auch andere Produkte Ihres Unternehmens.
- Ihr Unternehmen läuft rentabler, durch weniger Gewährleistung und Kulanz-Fälle.
- Kundenorientierte Firmen können laut einer Studie von A.T. Kearney auch dann überzeugen, wenn die Preise dafür um 9 Prozent über denen der Konkurrenz liegen (Quelle: Marktorientierte Unternehmensführung, Bruhn, Manfred & Steffenhagen, Hartwig (Herausgeber), 2. Auflage, Gabler Verlag 1998).
- Preissteigerungen werden von langjährigen, hochzufriedenen Kunden eher akzeptiert als von neuen Kunden.
- Sie können durch Außenauftritt und Werbung Ihre Zielgruppe vergrößern.

- Indem Sie die Erwartungen lenken, können Sie mit der richtigen Kommunikation Ihre Produkte optimieren.

Ist guter Umsatz gleich Kundenzufriedenheit?

Beobachten Sie wachsam die Zufriedenheit bei Ihren Kunden, achten Sie bei jeder Veränderung in Ihrem Unternehmen (Vergrößerung der Dienstleistungspalette, Zielgruppenverschiebung) auf die Zufriedenheit Ihrer Kunden. Lehnen Sie sich nicht beruhigt zurück, wenn Ihr Umsatz im Moment stimmt. Es gibt naturgemäß auch Umsatzschwankungen, die nichts mit Kundenzufriedenheit zu tun haben. Zum Beispiel wenn ein Notar seine Kanzlei aufgibt, werden viele seiner Klienten zunächst zu einer anderen Kanzlei gehen, die sich zwei Straßen weiter befindet, ohne dass diese zwangsläufig von der neuen Kanzlei überzeugt sind. Manchmal entscheiden sich unzufriedene Kunden auch zu bleiben, da ein Wechsel ihnen zu aufwendig erscheint. Manche Firma zehrt lange von einem in der Vergangenheit geschaffenen guten Ruf, obwohl sie ihm in der Gegenwart nicht mehr gerecht wird. Bei der Übergabe einer gut eingeführten Anwaltskanzlei an einen Nachfolger beispielsweise bleibt das alte Renommee zunächst bestehen, obwohl sich mit dem neuen Inhaber manches verändert.

Das Kundenbarometer

Kundenzufriedenheit ist keine feste Maßeinheit und funktioniert wie die Wettervorhersage früherer Zeiten ohne Wettersatelliten. Der Grad der Kundenzufriedenheit kann sich durch unvorhersehbare Einflüsse jederzeit verändern. Sie haben aber einen Vorteil gegenüber den Meteorologen früherer Jahre: Sie können daran arbeiten, eine schlechte Prognose abzuwenden oder eine gute eintreffen und sogar noch übertreffen zu lassen.

Setzen Sie die Messinstrumente für Kundenzufriedenheit ein.

Firmeninterne Methoden

- Führen Sie im Anschluss an ein Beratungsgespräch ein gezieltes Interview mit Ihrem Kunden. Beobachten Sie dabei seine Reaktion auf Nachfragen, notieren Sie, was ihm besonders gefallen bzw. missfallen hat. Fragen Sie, in welchen Punkten seine Erwartungen von der Leistung abweichen.
- Bitten Sie nach einem Beratungsgespräch den Kunden telefonisch um seine Meinung.
- Legen Sie Feedbackzettel aus, die der Kunde anonym in eine Box am Empfang einwirft.
- Bitten Sie einen Freund als anonyme Testperson in Ihr Büro.
- Machen Sie die bei Ihnen eingehenden Beschwerden und deren erfolgreiche Abwicklung zur Chefsache.
- Fragen Sie die, die es wissen müssen, fragen Sie Ihre Mitarbeiter.

Externe Methoden

Generelle Trends werden in nationalen Kundenbarometern aufgezeigt, zum Beispiel dem Deutschen Kundenmonitor. Der Kundenmonitor Deutschland überwacht seit 1992 deutschlandweit 1.000 Unternehmen hinsichtlich des Zufriedenheitsfaktors beim Konsumenten. Dabei werden die Umfrageergebnisse von über 36.000 Befragten nach Branchen aufgeschlüsselt und ausgewertet. Diese Quelle hilft Ihnen, Ihre eigenen Marktforschungsmaßnahmen besser einzuordnen und Ihre Wettbewerbsposition zu erkennen. Sie erhalten darüber hinaus Anregungen, wo in Ihrer Branche generell Schwachpunkte in Sachen Kundenzufriedenheit vorliegen, für Sie also eine Chance, sich positiv abzusetzen, indem Sie hier den Hebel zu Verbesserungen ansetzen. Vergleichen Sie Ihr Angebot mit dem Ihres Wettbewerbs (Benchmarking), um sich bei der Verbesserung Ihrer Serviceleistungen in die richtige Richtung zu bewegen. Die bestbewerteten Unternehmen liefern Ihnen so konkrete wie wertvolle Anregungen, zum Beispiel zur Freundlichkeit der Mitarbeiter, Begrüßung am Telefon, Zuverlässigkeit. Nicht zuletzt kann der Blick auf die Kundenbarometer anderer Länder wichtige Anregungen für Service-Maßnahmen liefern, die bei uns vielleicht noch weitgehend unbekannt sind.

Immer besser, immer zufriedener?

Mit jedem kleinen Fortschritt, den Sie im Service machen, wächst der Kundennutzen und damit die Zufriedenheit. Doch je näher Sie dem Gipfel der Kundenfreundlichkeit kommen, desto dünner wird die Luft. Wenn die Wartezeiten in Ihrer Kanzlei mit fünf Minuten sowieso schon sehr kundenfreundlich sind, dann wird Ihr Kunde sicher nicht doppelt so begeistert von Ihnen sein, wenn Sie die Wartezeit noch einmal halbieren können. Von einem gewissen Niveau an wird die Begeisterung Ihrer Kunden auf hohem Level stagnieren.

Kundenzufriedenheit fängt bei motivierten Mitarbeitern an

Laut Studien werden gerade die persönlichen Faktoren während der Leistungserbringung höher eingestuft als das eigentliche Produkt. Ein Mitarbeiter, der sich nicht in hohem Maße mit seinem Unternehmen identifiziert, kann allerdings nicht von seiner Mission überzeugt sein, er kann nicht als harmonische Schnittstelle zwischen Unternehmen und Kunde fungieren, wenn er negativen Leistungsdruck verspürt. Er kann Ihren Kunden kein unbefangenes, freundliches Lächeln schenken und den Interessenten von Ihren Produkten begeistern, wenn er gerade heftige Auseinandersetzungen mit Kollegen hat. Deswegen ist es nicht nur eine Frage der sozialen Kompetenz und Verantwortung gegenüber Mitarbeitern, sondern auch in Ihrem eigenen Interesse, die Bedürfnisse Ihrer Mitarbeiter zu berücksichtigen und für eine harmonische Arbeitsatmosphäre zu sorgen (zum Beispiel flexible Arbeitszeiten, abwechselnde Tätigkeiten, Weiterbildung, ...). Mitarbeiter, die Vertrauen in das Unternehmen und in die Vorgesetzten haben, die menschliche Wertschätzung spüren und erfahren, werden es Ihnen mit Höchstleistungen lohnen.

Checkliste Kundenerwartungen kennen und erfüllen in Ihrem Unternehmen

1. Überlegen Sie sich anhand der oben genannten möglichen Kundenwünsche und Ihrer eigenen Ergänzungen fünf Punkte, in denen Sie zu Höchstleistungen kommen wollen.
2. Planen Sie, wie Sie diese fünf Punkte am besten umsetzen können. (Serviceveränderungen und Ergänzungen, vereinfachen Sie das Prozedere für den Kunden, gestalten Sie Ihr Büro für Kunden angenehmer ...)
3. Im Gegenzug können Sie Ihre bestehenden Angebote auch eliminieren. Wenn Angebote kaum von Kunden beansprucht werden, also nicht gut ankommen, dienen sie auch nicht der Zufriedenheit, sondern kosten Sie nur Geld.
4. Nach dem Motto „Tue Gutes und rede darüber" überlegen Sie sich, wie Sie die Verbesserung Ihres Angebotes Ihren Kunden deutlich kommunizieren können.
5. Vielleicht haben Sie im Zuge dieser Maßnahmen auch eine Idee, wie Sie ihr Angebot einzigartiger und charakteristischer gestalten können, eine Ausrichtung auf eine Zielgruppe, die von der Konkurrenz noch nicht angeboten wird.

1.4 Unverwechselbar und einzigartig – leben und kommunizieren Sie Ihre Kundenorientierung

Würden Sie gerne und häufig mit einem farblosen, konturlosen Anwalt einer großen, unpersönlichen Kanzlei zu tun haben? Abgesehen von seinem Namensschild hebt er sich durch nichts von der Masse der Anwälte ab und ist damit vollkommen austauschbar. Ich würde mich lieber vom sympathischen Herrn Monsur beraten lassen, der mir mit charismatischer Stimme die besten Lösungen für meinen Streit mit meinem Bauträger aufzeigt. Er versteht das Problem mit feuchten Wänden im Eigenheim und der Suche nach dem dafür Verantwortlichen. Er und seine Partner kümmern sich schon seit über 23 Jahren um Pfusch am Bau, sie kennen für jedes Problem den richtigen Sachverständigen und alle Bauträger in der Umgebung mit ihren Schwächen. Diese Kanzlei kommuniziert ihre Ziele, ihre Ausrichtung und nicht zuletzt auch ihren guten Kundenservice an die Kunden und wird somit einzigartig und nicht austauschbar. Sie ist nicht nur irgendeine Kanzlei, die man beauftragt, sondern sie ist ein hilfsbereiter und kompetenter Partner. Das schaffen Sie auch, indem Sie ein Unternehmensleitbild für Ihr Unternehmen formulieren und es anschließend auch leben. So erfahren Ihre Kunden, wer und was Sie sind, und Ihre Mitarbeiter wissen, für wen sie arbeiten und nach welchen Maßstäben sie handeln sollen. Das Unternehmensleitbild wirkt nach innen und nach außen.

Das Unternehmensleitbild

Ein Leitbild definiert durch Ziele, Werte, der genauen Zielgruppe und Spannbreite der Leistungen das gesamte Handeln, Wirken, Aussehen und Auftreten des Unternehmens. Hier wird der grundsätzliche Unternehmenszweck definiert. Sie können damit Ihr Unternehmen am Markt besser positionieren, die Kundenzufriedenheit steigern und Ihre Mitarbeiter motivieren, da diese sich leichter mit dem Unternehmen identifizieren können. Die Wirkung eines Unternehmensleitbildes wirkt zielsicherer als aufwendige Werbung, denn mit einer schlüssigen Selbstdarstellung und einer danach ausgerichteten serviceorientierten Verhaltensweise lassen Sie Ihren Kunden entscheiden, was er von Ihnen denkt, und Sie müssen dafür keinen teuren Werbetexter beauftragen.

Überlegen Sie genau, wie das Leitbild für Ihr Unternehmen aussieht: Welches Motto möchten Sie sich auf die Fahnen schreiben? Haben Sie hierbei keine Angst, Farbe zu bekennen. In wirtschaftlich angespannten Situationen versuchen manche Unternehmen, anstelle eines klaren Profils lieber einen konturlosen chaotischen Wühltisch mit Leistungen feilzubieten. Diese Alleskönner-Mentalität erregt bei Ihren Kunden aber eher Misstrauen als Vertrauen.

Ein Leitbild hat folgende Abschnitte:

Die **Leitidee** gibt eine Antwort auf die Frage, warum das Unternehmen existiert, welchen Nutzen es für Kunden und den Markt bietet. Allerdings sollte die Leitidee nicht mit puren Fakten zur Unternehmensgröße oder mit der simplen Beschreibung der Tätigkeit ausgestattet sein („Wir sind eine große Anwaltskanzlei mit 45 Anwälte und wir beraten Mandanten bei juristischen Problemen.") Ein möglicher Nutzen wäre: „Wir sind eine große Anwaltskanzlei und haben uns der Hilfe und Beratung von Familien bei familiären Streitigkeiten verschrieben. Wir beraten sie kompetent und leicht verständlich und haben auch das notwendige Feingefühl beim Umgang mit in die Sache involvierten Kindern."

Die **Kernaussage** konkretisiert die Leitidee und skizziert die Umsetzung. Kernaussagen werden meist allgemein gehalten, damit sie auf alle Bereiche des Unternehmens anwendbar sind, müssen aber so konkret sein, dass sie nicht zu einer leeren Worthülse verkümmern. Für die einzelnen Felder werden diese Aussagen meist zu einem späteren Zeitpunkt genauer formuliert. Ziele, grundlegende Werte und Verhaltensstandards werden hier auf den Punkt gebracht. Die genaue Ausrichtung und die Unterschiede zur Konkurrenz werden hier ausformuliert. Die zu verwirklichenden Ziele werden benannt.

Das **Motto** ist eine kurze, prägnante Zusammenfassung des Leitbildes, die sich jeder leicht merken kann. Ein Motto ist plakativ und emotional.

Die Analyse

Laden Sie in einer ruhigen Minute alle Mitarbeiter zu einer Teambesprechung mit einem Brainstorming ein. Stellen Sie zunächst den Ist-Zustand fest:

Wie äußert sich Ihre derzeitige **Unternehmenskultur**, das heißt wie sind bestehende Verhaltensgrundsätze und Vorgehensweisen

- in der Organisationsstruktur,
- im äußeren Erscheinungsbild,
- in der Kommunikation,
- im Führungsverhalten,
- im Betriebsklima,
- im Umgang mit Mitarbeitern, Partnern, Kunden, Konkurrenten, Banken.

Wie reagieren Mitarbeiter auf eine Kundenbeschwerde? Versuchen sie eine kulante Lösung zu finden, oder wimmeln sie die Beschwerde ab? Ist das Unternehmen hierarchisch dominiert oder überwiegt Teamarbeit? Haben die Mitarbeiter mit den Kunden ein gutes, zweckfreies Verhältnis oder versuchen sie so viel Umsatz wie möglich zu machen und das um jeden Preis? Sammeln Sie Begriffe, die die Eigenschaften des Unternehmens beschreiben (zukunftsorientiert – in der Tradition verhaftet, jung, frech, seriös, gediegen ...). Je schärfer Sie und Ihr Team das Bild Ihres Unternehmens zeichnen, desto leichter wird es Ihnen fallen, ein Leitbild zu formulieren. Überlegen Sie, ob Sie Ihre Unternehmenskultur modifizieren möchten, um sich verändernden Anforderungen zu entsprechen. Das könnte zum Beispiel die nicht mehr zeitgemäße Organisationsstruktur betreffen. Ein streng hierarchisches System wirkt altmodisch und statisch, Teamarbeit gilt nicht nur als effektiver und zukunftsorientiert – sie ist es in der Tat auch. Folgende Fragen helfen Ihnen hier weiter:

Unternehmenszweck – die Mission
Warum existiert das Unternehmen?
Was charakterisiert Sie und Ihr Unternehmen momentan?
Welche Grundauffassungen, Werte und Normen vertreten Sie?
Welche Aufgaben nimmt es wahr?

Unternehmensziel – die Vision

Welche Ziele verfolgt das Unternehmen?
Was wollen Sie in Zukunft erreichen?
Welches sind Ihre Stärken und welches sind Ihre Schwächen?
Welche Anstrengungen unternehmen Sie, um sich von den Konkurrenten zu unterscheiden?
Wer sind dabei Ihre Kunden?
Wie wollen Sie für Ihre Kunden da sein?

Unternehmenswerte

Welche Verhaltensregeln (für Mitarbeiter, Partner, Kunden, Aktionäre) und ethische Werte gelten im Unternehmen?
Welches Verhältnis besteht zwischen Unternehmer/Führungskräften und Mitarbeitern sowie Auszubildenden?
Wie sehen Ihre Maßnahmen aus, die Motivation der Mitarbeiter zu fördern?
Reduzieren Sie jetzt das Zusammengetragene auf Kernaussagen und versuchen Sie dabei, Ihr Augenmerk darauf zu richten, wo Sie hin wollen. Gehen Sie unter diesem Aspekt die Fragen noch einmal durch.
Betrachten Sie die Differenzen zwischen Ist-Zustand und Soll-Zustand:
Was repräsentieren Sie im Augenblick? – Was wollen Sie in Zukunft darstellen?
Was wollen Sie nicht darstellen?
Für wen wollen Sie Ihre Leistungen anbieten?
Welche Leistungen können Sie Ihrer Zielgruppe/Ihren Zielgruppen zusätzlich anbieten?
Welchen Weg wollen Sie einschlagen?
Wie sehen die zukünftigen Ziele des Unternehmens aus?
Wie können die formulierten Grundsätze gelebt werden?
Welche Maßnahmen und Handlungen müssen zur Realisierung ergriffen werden?

Ausarbeitung zur Unternehmensstrategie

Konkretisieren Sie Ihre zukünftigen Ziele: Unternehmensziele können bestimmte Absatzwünsche, Marktanteile oder Gewinne beinhalten. Ziele, die den Kunden betreffen, können neue potenzielle Zielgruppen sein oder eine Erhöhung der Kundenzufriedenheit. Bei Mitarbeitern kann auf eine höhere Motivation oder Produktivität abgezielt werden.

Planen Sie hier, wie die konkret beschlossenen Ziele umgesetzt werden können, berücksichtigen Sie dabei sowohl die internen Möglichkeiten in Ihrem Unternehmen, als auch die externen Anforderungen, die der bestehende Markt und die Erwartungen der Kunden an Sie stellen:
Mögliche notwendige Maßnahmen für das neue Unternehmensleitbild können Änderungen in der Dienstleistungspallette sein, Weiterqualifikation von Mitarbeitern, Neuordnung der Aufgabenbereiche und Hierarchien, verändertes Wettbewerbsverhalten, Veränderung der internen und externen Kommunikation. Strategien müssen, um wirksam zu sein, im Unternehmen offen kommuniziert werden und sie müssen einen ganz klar realisierbaren Weg aufweisen.

Umsetzung

Nun haben Sie – möglichst zusammen mit Ihren Mitarbeitern – Ihr neues Leitbild formuliert. Wenn eine gemeinsame Erarbeitung nicht möglich war, briefen Sie nun alle Mitarbeiter zu Ihrem neuen, gemeinsamen Leitbild und Ihrer daraus resultierenden Unternehmensstrategie. Legen Sie aus der Unternehmensstrategie genau Ziele und Richtlinien für jede Abteilung fest, sodass Kunden und Mitarbeiter einen konkreten Maßstab zur Beurteilung der Leistungen haben. Eine Richtlinie könnte zum Beispiel sein, dass jede Reklamation innerhalb von 24 Stunden bearbeitet wird oder dass die Mandanten eines Notars eine maximale Wartezeit von 15 Minuten haben sollen. In beratenden Berufen ist das Finden von Qualitätsstandards schwieriger als im technischen Bereich, wo eine Leistung messbar ist. Konzentrieren Sie sich deshalb bei Ihren Qualitätsstandards auf die Soft Skills wie Höflichkeit, reibungslose Kommunikation und Flexibilität bei Kundenwünschen. Formulieren Sie unbedingt alle Standards so, dass sie überprüfbar sind. Die sich dadurch einstellenden Erfolge heben die Motivation der Mitarbeiter. Für anfänglich auftauchende Fragen und Unsicherheiten sollte ein Ansprechpartner benannt werden, damit die Umsetzung nicht gefährdet ist. Besonders bei weitreichenden Veränderungen, die vorgenommen werden, brauchen die Mitarbeiter eine klare Richtlinienstruktur. Die Neuerungen sollten mit dem Kern des Unternehmens in Form von Grundwerten und Unternehmenszweck vereinbar sein.

Das Unternehmensleitbild und das daraus resultierende Verhalten bezieht sich auf den Umgang mit Kunden und mit Kollegen. Es beeinflusst die Arbeitsatmosphäre von Vertrauen und konstruktiver Konfliktlösung. Hier zeigt sich, ob Ihre Mitarbeiter vom Unternehmensleitbild überzeugt und bereit sind, es mit zu tragen. Sie können die Identifikation Ihrer Mitarbeiter mit dem Unternehmensleitbild fördern, indem Sie die persönlichen Zielvereinbarungen am Unternehmensleitbild und bestimmten festgesetzten Verhaltensweisen ausrichten. Auch Schulungen können hier Erfolge erzielen. Denn eine komplette Änderung des Verhaltens Einzelner ist ein Prozess, der nicht von einem Tag auf den anderen abgeschlossen werden kann. Geben Sie deshalb Führungskräften eine Eingewöhnungszeit, wenn sie von einem hierarchischen Führungsstil kommend Mitarbeiter in Entscheidungen mit einbeziehen sollen.

1.5 Zielsicher zu einer außergewöhnlichen Kundenbetreuung mit der Kundenkontaktpunkt-Analyse

„Des Pudels Kern“
(Johann Wolfgang von Goethe)

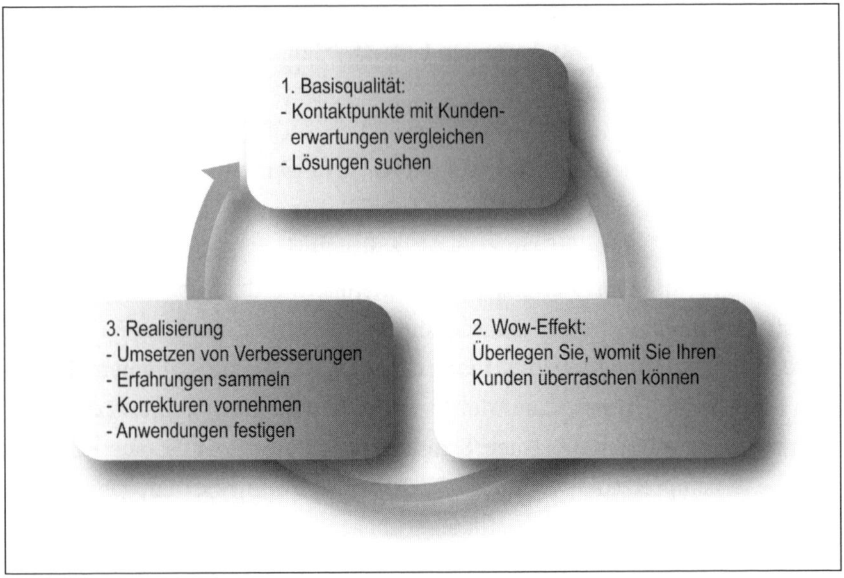

Abbildung 3: Drei Schritte zur außergewöhnlichen Kundenbetreuung

Das Know-how, wie Sie Ihren Kunden begeistern, was Sie beim Kontakt mit Ihrem Kunden beachten sollten und wie Sie interne Arbeitsabläufe organisieren, das alles finden Sie im weiteren Verlauf dieses Buches. Der zentrale Dreh- und Angelpunkt jedoch ist dieses Kapitel, es ist quasi die Betriebsanleitung, wo und wie Sie dieses Know-how in Ihrem Unternehmen einsetzen können. Mithilfe der Kundenkontaktpunkt-Analyse finden Sie in

Ihrem Unternehmen schnell und zielsicher heraus, wo es noch Bedarf für Verbesserungen gibt. In meinem Unternehmen hat sich die Arbeit mit der Kundenkontaktpunktanalyse schon seit Jahren bewährt. Mir liefert diese regelmäßig einen Überblick über Stärken und Schwachstellen bei meinem Serviceleistungen. Somit lässt sich die Qualität jedes Kundenkontaktes schnell erfassen, beurteilen und mögliche Ansatzpunkte für Verbesserungen leichter erkennen.

Kundenkontaktpunkte

Ihr Kunde nimmt eine Dienstleistung bei Ihnen in Anspruch und registriert Ihre Leistung ausschließlich als ein Ganzes. In Wahrheit besteht dieser Service aber aus vielen einzelnen Berührungspunkten des Kunden mit Ihnen, Ihrem Team und Ihren Räumlichkeiten. In einer Steuerkanzlei zählt beispielsweise nicht nur die Betreuung durch den Steuerberater, ebenso entscheiden sein Team, die Art des Empfangs und das Ambiente des Wartezimmers über eine gute oder schlechte Bewertung durch den Kunden. Nur wenn alle Teilleistungen stimmen, wird Ihr Kunde mit Ihnen zufrieden sein und wiederkommen. Ein Kunde, der im Büro seines Steuerberaters eine Wartezeit in Kauf nehmen muss, weil seine Akte nicht auffindbar ist, wird mit der Gesamtleistung unzufrieden sein, egal wie gut die Qualität der Beratung an sich ist. Mit so einem Fauxpas signalisieren Mitarbeiter dem Kunden: „Sie sind uns nicht wichtig!" Jedes Unternehmen ist bei seiner Kundenbetreuung nur so gut wie sein schwächster Kontaktpunkt.

Schritt 1 – Basisqualität: Notieren Sie Ihre Kundenkontaktpunkte in Ihrem Unternehmen. Gehen Sie gedanklich sämtliche Stationen aus der Sicht des Kunden durch, beispielsweise anlässlich eines Beratungstermins:

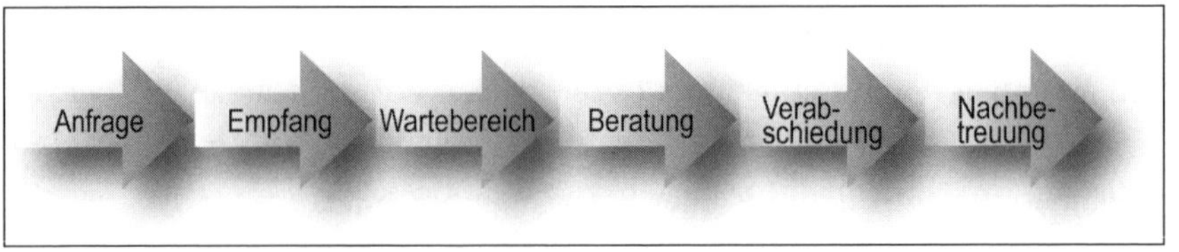

Abbildung 4: Kundenkontaktpunkte

Überlegen Sie sich zu jedem einzelnen Kontaktpunkt, was für Leistungen dazu gehören, das heißt welche Handlungen im Detail zu den einzelnen Punkten gehören.

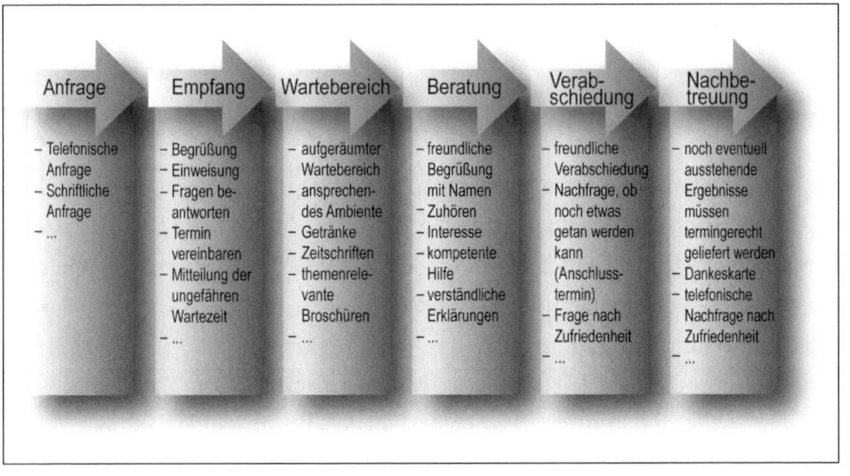

Abbildung 5: Kontaktpunkte mit den dazugehörigen Leistungen

Notieren Sie sich die Erwartungen, die Ihr Kunde an Sie während der einzelnen Leistungen stellt (siehe Tabelle). Vergleichen Sie die Kundenerwartungen mit der momentanen Ist-Situation und notieren Sie sich die Leistungen, die von den Kundenerwartungen abweichen (siehe Tabelle). Suchen Sie nach möglichen Lösungen für die zu optimierenden Leistungen (siehe Tabelle).

Schritt 2 – Wow-Faktor: Überlegen Sie sich eine Möglichkeit, den einzelnen Kontaktpunkt zu einem besonderen Erlebnis für den Kunden zu machen, indem Sie Ihren Kunden überraschen oder mit einem Wohlfühlerlebnis aufwarten können (siehe Tabelle). Zum Beispiel:

Beispiel 1

	Anfrage				
	Schritt 2: **Leistungselemente**	Schritt 3: **Kundenerwartung**	Schritt 4: **Ist-Situation Schwachstellen**	Schritt 5: **Lösung**	Schritt 6: **Wow-Effekt**
1.	Telefonische Anfrage	Freundliche Begrüßung, gute Erreichbarkeit	Bei Stress nicht immer freundliche Begrüßung, häufiges Weiterleiten von Gesprächen	Bevor der Hörer abgenommen wird, tief durchatmen und sich auf den Anrufer freuen. Mit Mitarbeiter nach einer geeigneten Lösung suchen	Eine echte Freundlichkeit, die gelebt wird und von Herzen kommt
2.	Schriftliche Anfrage (Brief, Fax, E-Mail Internet)	Schnelle Reaktion, schnelle Auskunft, schnelle Hilfe	Andere Aufgaben haben Priorität, sodass eine rasche Reaktion nicht immer möglich ist.	Alle eingehenden Anfragen werden innerhalb von zwei Tagen beantwortet.	Alle eingehenden Anfragen werden innerhalb von vier Stunden beantwortet. Falls dies nicht möglich ist, so erhält der Absender zumindest einen Zwischenbescheid!

Beispiel 2

	Empfang				
	Schritt 2: **Leistungselemente**	Schritt 3: **Kundenerwartung**	Schritt 4: **Ist-Situation Schwachstellen**	Schritt 5: **Lösung**	Schritt 6: **Wow-Effekt (Überraschung)**
1.	Termin vereinbaren (mündlich)	Zeitnaher Termin, Freundlichkeit ...	Zeitnahe Terminvergabe meistens nicht möglich	Mit der zuständigen Person klären, bzw. gemeinsam nach einer idealen Lösung suchen	
2.	Termin vereinbaren (schriftlich)	Ausreichende Information, gute Verständlichkeit ansprechendes Anschreiben	Klassisches 08/15 Schreiben ohne Besonderheiten	Interner Workshop!	

Während des Workshops (Punkt 2, Schritt 5) haben sich die Teammitglieder dazu entschieden, ihre Einmaligkeit mit einer neuen Grußformel hervorzuheben. Anbei ein kleiner Einblick der Ergebnisse.

Grußformel: „Mit freundlichen Grüßen"

1	Bunte	Frühlings-	Tage
2	Sonnige	Sommer-	Zeit
3	Kurzweilige	Herbst-	Stunden
4	Spannende	Winter-	Erlebnisse
5	Frohe	Fest-	Wochen
6	Besinnliche	Urlaubs-	Augenblicke
7	Schöne	Oster-	Zeiten
8	Mit den	Weihnachts-	Grüße
9	Freundliche	besten	...
10	...	...	...

Schon der schlichte Austausch des „Mit freundlichen Grüßen" durch „Frühlingsgrüße aus dem Ostalbkreis" kann Wirkung zeigen.

Einige Unternehmen setzen diese Art der Grußformel schon erfolgreich ein. In den freien Berufen ist man leider noch nicht so mutig, und genau hier liegt Ihre Chance, Ihre Einzigartigkeit hervorzuheben.

Beispiel: Das Finanzamt in Bad Säckingen unterstreicht seine Individualität mit der Grußformel „Beste Grüße aus der Trompeterstadt". Herzlichen Glückwunsch dazu!

Beispiel 3

	Wartebereich				
	Schritt 2: **Leistungselemente**	Schritt 3: **Kundenerwartung**	Schritt 4: **Ist-Situation Schwachstellen**	Schritt 5: **Lösung**	Schritt 6: **Wow-Effekt (Überraschung)**
1.	Ambiente, Wartebereich	Ansprechender Raum, sauber und aufgeräumt, angenehmer Duft!	Bilder sind schon sehr alt und nicht mehr zeitgemäß, es gibt keine Pflanzen im Raum.	Neue Bilder, platzieren einer hübschen Topfpflanze oder eines Blumenstraußes	Unbekannte Maler aus Ihrer Region können bei Ihnen Ihre Bilder ausstellen. Alle sechs Monate wird der Künstler gewechselt.
2.	Auslegen von Literatur etc.	Zeitungen, Informations- und Entspannungslektüre, der Kunde möchte, dass für seinen persönlichen Geschmack etwas Interessantes dabei ist.	Keine Informations- bzw. Imagebroschüre vorhanden	Imagebroschüre erstellen in einem internen Workshop!	Ergebnisse des Workshops:
3.	...	...	...	...	...

In jedem Unternehmen gibt es zahlreiche Kundenkontaktpunkte, auch in Ihrem. Nun sind Sie an der Reihe. Notieren Sie Ihre wichtigsten Kontaktpunkte und optimieren Sie diese. Stellen Sie sich dabei immer wieder die Frage: Wo verbergen sich in Ihrem Unternehmen die individuellen Wow-Effekte? Nicht immer erkennen Sie diese auf Anhieb, ein Workshop kann Sie hier weiterbringen. Gerne unterstütze ich Sie in Ihrem Unternehmen dabei.

Schritt 3 – Realisierung: Setzen Sie die beschlossenen Maßnahmen zu Verbesserung in die Tat um. Sammeln Sie dabei Erfahrungen und nehmen Sie bei Bedarf Korrekturen vor. Ziel muss es sein, dass dieser verbesserte Service für Sie bald normaler Standard ist.

Interne Kontaktpunkte

Auch für interne Arbeitsabläufe lohnt sich die Optimierungsmethode der Kontaktpunktdiagnose. In diesem Fall wird die Zuarbeit von Kollegen oder zwischen Vorgesetzten und Mitarbeitern oder mit externen Personen einer genauen Betrachtung unterzogen. Denn auch diese Kontaktpunkte sollten im Interesse des Kunden reibungsfrei verlaufen. Ein Klient bedankt sich nach erfolgreich abgeschlossenem Gerichtsprozess bei seinem Anwalt für die optimale Verteidigung. Bevor der Anwalt jedoch vor Gericht seinen Klienten vertritt, gibt es je nach Komplexität des Falls diverse Kontaktpunkte intern und extern. Geht es um einen Sorgerechtsprozess für ein Kind, wird der Anwalt Rücksprache mit dem Jugendamt halten, mit dem betroffenen Kind, seinem Klienten und der gegnerischen Partei, eventuell ist es auch sinnvoll, mit Lehrern oder anderen Vertrauenspersonen des Kindes Kontakt aufzunehmen. Gleichzeitig werden notwendige Recherchen vom Team des Anwalts erledigt. Der Anwalt und sein Team müssen nun mit all diesen Kontaktpunkten einen möglichst effizienten Ablauf dadurch gewährleisten, dass sie eine funktionierende Kommunikation und festgelegte Kompetenzen haben. Bei so vielen Bestandteilen stets durch guten Service zu überzeugen, ist eine große Herausforderung. Diese Analyse eignet sich beispielsweise auch für Stellenausschreibungen, das heißt Kontaktpunkte mit dem Bewerber (Annonce formulieren – inserieren – Bewerbungsmappen prüfen – Vorstellungsgespräche – Einarbeitung des neuen Kollegen), Verbesserung der Beschwerdekultur im Unternehmen, das heißt Kontaktpunkte mit unzufriedenen Kunden (Sensibilisierung der Mitarbeiter – Instrumente, um zu Beschwerden anzuregen – Beschwerden gegenübertreten – Beschwerden kundenfreundlich und kulant bearbeiten – Beschwerden sammeln und auswerten). Haben Sie erreicht, dass Ihr Service den Kunden in allen Punkten überzeugt und er sich wohl fühlt, ist es besonders wichtig, dass Sie ihn in Zukunft – insbesondere in nächster Zukunft – nicht enttäuschen, weil die Anfangseuphorie im Team nachgelassen hat. Ihre Servicequalität muss immer gleichbleibend ausgezeichnet sein.

1.6 Nutzenargumentation: Was für den Kunden wirklich zählt

Ist Ihr Produkt technisch auf dem neuesten Stand? Haben Sie hervorragende Zusatzqualifikationen für Ihre beratende Tätigkeit? Gesichtspunkte, die ein entscheidender Erfolgsfaktor für Ihr Kundengespräch sind.

Um Ihre Beratungskompetenz optimal einsetzen zu können, müssen Sie sicher und überzeugend formulieren, also argumentieren können. Ihr Kunde erwirbt nicht Ihr Produkt, sondern er kauft den für ihn damit verbundenen Nutzen. Die Arbeitsstunde eines noch so gut ausgebildeten und ausgerüsteten Sanitärinstallateurs ist für niemanden begehrenswert, wir möchten ein warmes Bad nehmen können. Die Aufforderung in einer Werbebroschüre „Kommen Sie zu uns, wir erklären Ihnen ausführlich das Steuerrecht?“ bringt niemanden dazu, den Steuerberater aufzusuchen. Ganz anders verhält es sich, wenn Sie einladen: „Kommen Sie zu mir, wir kümmern uns für Sie um Ihre Einkommenssteuer. Sie sparen Zeit, wir holen vom Finanzamt zurück, was Ihnen zusteht, und Sie gönnen sich einen Urlaub.“ Der konkrete persönliche Nutzen für ihn ist für Ihren Kunden das entscheidende Argument. Idealerweise können Sie ihm mehr Nutzen anbieten als Ihr Wettbewerb.

Merkmal-Vorteil-Nutzen-Argumentation

In meinen Kanzleischulungen hat sich folgende Methode für Beratungsgespräche als sehr effizient herausgestellt:

Merkmal: Um welches Produkt/welche Dienstleistung handelt es sich?
Vorteil: Was kann das Produkt/die Dienstleistung?
Nutzen: Welchen individuellen Nutzen hat das Produkt/die Dienstleistung für den Kunden?

Die Nutzenargumentation ist nicht nur für Beratungsgespräche, die Sie mit Kunden führen, wichtig. Sie ist Bedingung für wirkungsvolle Werbemittel, überzeugende Kundenanschreiben und ansprechende Aussagen Ihrer Homepage.

Nutzen definieren – eine Aufgabe für das gesamte Team

Die sichere Beherrschung Ihrer Argumentation ist erste Voraussetzung für eine wirkungsvolle Vorteil-Nutzen-Argumentation. Die zweite Vorbedingung für überzeugende Nutzen-Argumentationsketten ist, dass Sie Ihre Zielgruppe und deren Bedürfnisse und Wünsche genau kennen. Eine Bedarfsermittlung sollte nicht nur einmal in der Unternehmensgeschichte durchgeführt werden, sondern die Ergebnisse sollten in regelmäßigen Abständen überprüft werden. Bitten Sie Ihr Team in den Konferenzraum und erarbeiten Sie zusammen eine Nutzenargumentation. Dabei orientieren Sie sich an den aktuellen Wünschen und Bedürfnissen Ihrer Kunden.

Überlegen Sie,

- welchen Nutzen Ihre Kunden aus Ihrem Angebot ziehen können,
- welche Probleme Sie für Ihre Kunden lösen können,
- welchen Zielen Ihre Kunden durch Ihr Produkt näher kommen,
- welchen Nutzen Kunden nur bei Ihnen erhalten und nicht beim Wettbewerb.

Stellen Sie die Eigenschaften Ihres Produkts zusammen und lassen Sie nun von allen Beteiligten den Nutzen, die Vorteile dieser Eigenschaft definieren, den/die Ihr Produkt bietet, den/die idealerweise nur Ihr Produkt bietet. Lassen Sie auch ergänzen, in welchen Situationen der Kundennutzen besonders deutlich ist oder sein kann.

Eine hilfreiche Arbeitsunterlage für Ihre Nutzenargumentation:

Abbildung 6: Nutzenargumentation

Die Merkmale und Eigenschaften des Produkts bilden die Basis der Nutzenargumentation. Die Liste sollte deshalb umfassend sein. Lassen Sie nichts, auch wenn es Ihnen im ersten Moment unwichtig erscheint, unter den Tisch fallen.

Die Vorteile: Suchen Sie zu jeder Eigenschaft Ihres Produkts einen möglichen Vorteil. Das fällt der Gruppe manchmal nicht ganz leicht. Lassen Sie deshalb Ihrer Kreativität freien Lauf, auch übertriebene oder ungewöhnliche Ideen sind in dieser Phase zulässig. Es muss im Endeffekt nicht alles bis ans Ohr des Kunden herangetragen werden. Manchmal entwickelt sich gerade aus extravaganten Ideen ein realisierbarer Weg, sich vom Wettbewerb positiv abzuheben. Da der emotionale Faktor bei den Argumentationen eine Hauptrolle spielt, sind es gerade die „verrückten Ideen", aus denen später die emotional überzeugenden Nutzenargumente abgeleitet werden.

Folgende Fragen führen Sie weiter:
- Welches Bedürfnis des Kunden wird erfüllt?
- Wie gut erfüllt die Dienstleistung das eigentliche Bedürfnis?
- Welchen Nutzen hat der Kunde von der in Anspruch zu nehmenden Leistung?
- Gibt es Leistungseigenschaften, aus denen der Kunde keinen Nutzen ziehen kann?
- Kann sich der vorliegende Nutzen durch Änderungen in der Leistungsgestaltung erhöhen?
- Welche Alternativen hat der Kunde, um sein Bedürfnis zu befriedigen?
- Welche Wettbewerber können das bestehende Bedürfnis ebenfalls erfüllen?
- Wie gut ist die Leistung im Vergleich zum Mitbewerber?

Nutzenorientierte Formulierungen oder Brückenformulierungen helfen Ihnen, die Produkteigenschaft mit dem Nutzen zu verbinden.

Zum Beispiel:
- Das bedeutet für Sie ... (bessere Qualität)
- Dadurch stellen Sie sicher, dass ...
- Damit erreichen Sie, dass ...
- Das bringt Ihnen ... (Kostenersparnis)
- Sie gewinnen dadurch ... (mehr Zeit)
- Sie erreichen dadurch ... (sichere Anwendung)

- Sie verbessern damit ... (die Leistungsfähigkeit)
- Das erspart Ihnen ... (Mehrarbeit)
- Dadurch steigern Sie ... (Ihren Gewinn)
- Das garantiert Ihnen ... (ein Höchstmaß)
- So reduzieren Sie ... (den Zeitaufwand)

Kundennutzen

Wie profitiert gerade dieser Kunde? Formulieren Sie aus einem objektiven Vorteil einen subjektiven Nutzen für den Kunden. Warum soll gerade er gerade jetzt dieses Produkt kaufen? Beweisen Sie Ihrem Kunden, dass Sie nicht ein standardisiertes Produkt verkaufen, sondern ihm mit einer auf ihn persönlich zugeschnittenen Leistung weiterhelfen wollen.

Wenn ein Arzt seinen Patienten über eine Hypersensibilisierungs-Therapie gegen seine Pferdehaar-Allergie aufklärt, kann er argumentieren, dass er mit dieser Therapie seinen Gesundheitszustand verbessert und seine körperliche Beeinträchtigung vermindert – das ist ein bereits ein wichtiger Nutzenvorteil. Geht der Arzt jedoch noch einen Schritt weiter, indem er dem Patienten vor Augen hält, dass er dann doch endlich seiner kleinen Tochter den sehnlichen Wunsch erfüllen kann, mit ihr zu einem Ferienaufenthalt auf einen Reiterhof zu fahren, wird dieser sich vermutlich noch leichter für die Therapie entscheiden.

Übung: Bieten Sie einen Nutzen

Bestimmte Kunden wollen

- keinen Fernseher, sondern Unterhaltung für die ganze Familie,
- keine Zeitung, sondern Informationen und sämtliche Fußballergebnisse bis hin zur Regionalliga,
- keine Kräuter, sondern würzigen Geschmack für die mediterrane Küche,
- keinen Tresor, sondern Sicherheit für die Familienerbstücke.

Ergänzen Sie die Liste mit weiteren fünf oder noch mehr Beispielen aus Ihrem Unternehmen.

1.

2.

3.

4.

5.

Sprechen Sie die Bedürfnisse des Kunden an

Die folgenden Bedürfniskategorien werden Sie bei der Argumentationsfindung unterstützen:

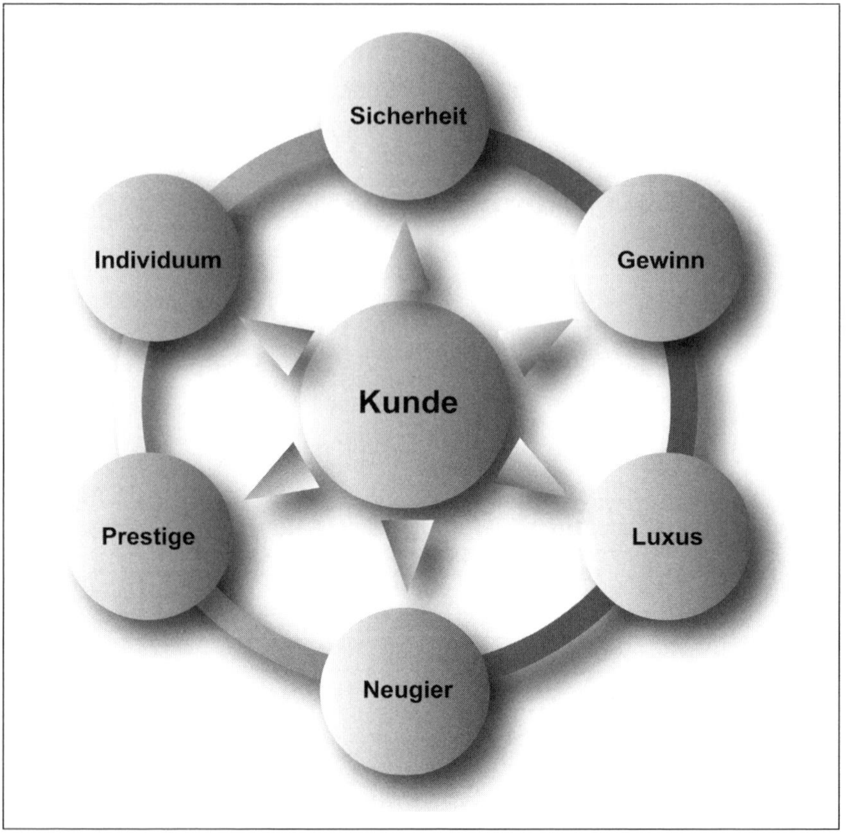

Abbildung 7: Kundennutzen

1. Sicherheit: Hier geht es um das Bedürfnis, sich abzusichern.

Menschen, die das Bedürfnis haben, sich abzusichern, sind für Argumente in diese Richtung sehr empfänglich.

- Versicherungen finden in dieser Kategorie ihre Nutzendefinition für Krankenversicherungen, Unfallversicherungen, Lebensversicherungen.
- Architekten argumentieren gegenüber an Sicherheit orientierten Bauherren unter anderem für ökologische und schadstoffarme Bauweisen.
- Immobilienmakler argumentieren mit „Im Alter abgesichert sein durch ein eigenes Haus".
- Banken werben traditionell mit dem Versprechen, dass bei ihnen das Geld sicher aufgehoben ist. Nur um hier einige Beispiele zu nennen.

2. Gewinn

Können Kunden mit Ihrem Produkt Geld verdienen oder Geld und Zeit sparen?

- Eine Immobilie oder Rentenversicherung kann steuerlich geltend gemacht werden.
- Ein Steuerberater bringt dem Kunden mehr Geld vom Finanzamt zurück als er kostet.
- Ein Unternehmensberater verspricht, den idealen Bewerber für eine Vertrauensposition zu finden. Damit spart der Kunde Zeit und Aufwand.

3. Luxus

Erleichtert oder vereinfacht Ihr Produkt das Leben des Kunden?

- Ein eigenes Haus bietet eine höhere Lebensqualität als eine Mietwohnung.
- Nehmen Sie als Steuerberater Ihrem Mandanten die Last der Steuererklärung ab, gewinnt dieser den Luxus von mehr Bequemlichkeit, mehr Zeit, weniger Arbeit.

- Lassen Sie Ihr Büro von einem Innenarchitekten „maßschneidern", so ist Ihr Büro optimal auf Ihre Bedürfnisse abgestimmt, Sie haben stets alles zur Hand und nur kurze Arbeitswege. Außerdem fühlen Sie sich in einem ästhetisch eingerichteten Raum wohler.
- Online-Banking spart die mühsamen Wege zur Bank.

4. Neugier

Neugier ist eine sehr starke Emotion. Worauf der Mensch neugierig ist, das will er sehen, anfassen, ausprobieren.

- Als Architekt schildern Sie Ihrem Bauherren, dass nichts vergleichbar ist mit der Wärme und Behaglichkeit eines Kachelofens – das muss man einmal erlebt haben.
- Der Bankangestellte führt seinem Kunden vor Augen, wie wunderbar das Gefühl der persönlichen Freiheit und Unabhängigkeit ist, wenn man im Ausland mit einer Kreditkarte bezahlen kann.
- Der Unternehmensberater spricht in seiner Argumentation die latent vorhandene Neugier eines Unternehmers an, was in seinem Betrieb verbessert werden könnte.

5. Prestige

Produkte, die zur Steigerung des Lebensgefühls beitragen, sprechen Kunden an, die Image- und Prestigegewinn als Nutzen einstufen.

- Haben Sie von einer allseits bekannten Persönlichkeit ein Empfehlungsschreiben? Prestigebewusste Kunden empfinden es als persönliche Aufwertung, ebenso wie die Persönlichkeit Herr/Frau XXX zu Ihrem Kundenkreis zu zählen. Wer hat nicht gerne denselben Schneider wie die Queen?
- Beneidet vielleicht Ihr Kunde den Nachbarn um dessen schönen Wintergarten, das Sofa oder die Designerlampe? Dann überlegen Sie, welchen Prestige-Nutzen Sie mit Ihrem Produkt anbieten können.

- Die „goldene“ Kreditkarte ist vielen Menschen so wichtig, weil sie sich damit zu den VIPs zählen, zum Kreis derjenigen, die Zugang zu den VIP-Lounges dieser Welt haben – ob auf den Flughäfen oder bei Sportveranstaltungen.

6. Individualität

Können Sie Ihrem Kunden zu einem wichtigen persönlichen Ziel verhelfen?

- Wer einen Bausparvertrag abschließt, kann in einigen Jahren seinen Traum vom Haus am See für sich und seine Familie verwirklichen.
- Auf einen Schwimmteich im eigenen Garten würde die ganze Familie mit Spaß und Freude reagieren.

Merkmal-Vorteil-Nutzen-Argumentation im Beratungsgespräch

Nach dem Muster der von Ihnen erstellten Auflistung der Merkmal-Vorteil-Nutzen-Argumentation können Sie mit den auf den jeweiligen Kunden zugeschnittenen Nutzenargumenten arbeiten.

Ihre Beratung erfolgt in drei Schritten:

1. Schritt ➔ Merkmal:
„Ich möchte Sie gerne über das Programm PC-Beleg-Manager informieren.“

2. Schritt ➔ Vorteil:
„Ihre Mitarbeiter erfassen, sortieren und kontieren die Belege tagesaktuell.“

3. Schritt ➔ Nutzen:
„Das bedeutet für Sie, Frau Filipitsch, dass Sie einen ständigen, zeitnahen Überblick über Ihre Finanzlage haben. Wie interessant ist das für Sie?“

Der persönliche Nutzen wird dann für den Kunden einleuchtend und für Sie überprüfbar, wenn der Kunde

- persönlich angesprochen wird,
- das für ihn stichhaltige Motiv formuliert wird,
- Sie sofort an der Reaktion des Kunden überprüfen, ob Ihr Nutzenargument auch angekommen ist.

Sie werden sehr schnell feststellen, wie wirkungsvoll beim Kunden und damit wie effizient für Sie es ist, Ihrem Kunden statt Leistung persönlichen Nutzen anzubieten.

Nutzenargumentation – besonders wichtig für beratende Berufe

Die Nutzenargumentation ist für jeden Verkauf sinnvoll, für die beratenden Berufe jedoch besonders empfehlenswert. Da der Kunde das Produkt „Beratung" vor Kauf weder anfassen noch begutachten oder testen kann, sollte vor seinen Augen ein Bild davon entstehen, welchen Nutzen er erwirbt.

Der auf Verkehrsrecht spezialisierte Rechtsanwalt überzeugt aufgrund seiner Spezialisierung davon, dass die Angelegenheit des Blechschadens bei ihm in genau den richtigen Händen ist.

Kunden-Vorteil 1: erfolgsversprechend und zeitsparend
Führen Sie sich die Nutzenvorteile Ihrer Beratung vor Augen, formulieren Sie die Nutzenvorteile und sorgen Sie dafür, dass Ihre Mitarbeiter sie kennen und lernen, auf der Nutzen-Vorteilsschiene zu denken und zu argumentieren.

Denken Sie niemals, dass ein Produkt – und sei es auch noch so gut – für sich spricht.

Hören Sie Ihrem Kunden immer zuerst zu, Sie müssen wissen, was er will, damit Sie seine Nutzenerwartung kennen und ansprechen können. Sie laufen sonst Gefahr, nur nach der Schrotgewehrmethode vorzugehen, das heißt Sie liefern unendlich viele Informationen in der Hoffnung, dass das, was der Kunde wissen will, auch dabei ist. Einen persönlichen Nutzen werden Sie dabei nicht anbieten können. Ihr Wortschwall kostet nur Zeit – die des Kunden und Ihre eigene.

Kunden-Vorteil 2: finanziell richtig
Während der Honorarverhandlung wird ein weiterer Vorteil der Nutzenargumentation deutlich. Wer vom Nutzen eines Produkts/einer Dienstleistung überzeugt, ist eher bereit, einen höheren Preis zu akzeptieren, als wenn er mit allgemeinen, unpersönlichen, ihn teilweise gar nicht betreffenden Details konfrontiert und ermüdet wird. Eine alte Verkäufer-Weisheit lautet: „Gekauft wird immer, wenn der Nutzen größer ist als der Preis"!

Bieten Sie Ihrem Kunden einen **außergewöhnlichen** Nutzen, dann ist es am Ende des Gespräches leichter, Ihren **außergewöhnlichen** Preis zu nennen, und wahrscheinlicher, dass dieser vom Kunden akzeptiert wird.

2.

Erfolgreiche Gesprächsführung

2.1 Mögen Sie Menschen? – Die innere Einstellung macht den Unterschied

Dieses Kapitel handelt von der Grundeinstellung Menschen gegenüber – die Basis für einen erfolgreichen Umgang mit Kunden. Nur wer Menschen mag und eine positive Grundeinstellung zu ihnen hat, wird auch Freude am Umgang mit Kunden haben und ein erfolgreicher Kundenberater sein. Die ausgefeiltesten Formulierungen, das gepflegteste Auftreten bleiben wirkungslos, wenn Sie Menschen nicht mögen. Wie sollten Sie mit einer negativen Grundhaltung gegenüber Menschen gute, erfolgreiche Gespräche mit ihnen führen können? Lassen Sie mich hierzu die indische Sage *Der Tempel der 1.000 Spiegel* erzählen:

Der Tempel der 1.000 Spiegel

Ein Hund macht sich auf den Weg, um den Tempel der 1.000 Spiegel zu suchen. Als er nach langem Suchen endlich vor dem großen Tor steht, kommt er ins Grübeln: „Ich weiß ja gar nicht, was mich hier alles erwartet?" Und je länger er grübelt, desto mehr kommt er ins Zweifeln: „Vielleicht passiert mir ja etwas ganz Schlimmes?" Schließlich nimmt er allen Mut zusammen und öffnet, mit einem Runzeln auf der Stirn, das Tor und siehe da, 1.000 Hunde runzeln die Stirn zurück. Er bekommt es nun mit der Angst zu tun und beginnt mit den Zähnen zu fletschen und 1.000 Hunde fletschen zurück. Er bekommt noch mehr Angst und geht schließlich in Angriffsstellung und 1.000 Hunde tun es ihm gleich, bis er schließlich fluchtartig den Tempel der 1.000 Spiegel verlässt.

Ein anderer Hund macht sich auch auf den Weg, um den Tempel der 1.000 Spiegel zu suchen. Als er nach langer Zeit endlich vor dem großen Tor steht, beginnt er mit dem Schwanz zu wedeln. Er überlegt, was ihn wohl Wunderbares hier erwarten wird. Voller Freude öffnet er das Tor mit einem erwartungsvollen Lächeln im Gesicht und siehe da – 1.000 Hunde lächeln und wedeln zurück.

Wie ergeht es Ihnen mit Ihren Kunden? Sehen Sie sich eher in den skeptischen, stirnrunzelnden, ja fletschenden Spiegelbildern oder lächeln, ja lachen Ihnen vielfach freundliche Bilder entgegen?

Was geht Ihnen beispielsweise durch den Kopf, wenn Ihr Telefon klingelt? *„Oh je, muss das jetzt sein? Kann man denn nie in Ruhe arbeiten?!"* – oder greifen Sie zum Hörer, wünschen einen schönen *„Guten Morgen ..."*, was dem Gesprächspartner am anderen Ende der Leitung schon in der Art Ihrer Begrüßung Ihre positive Einstellung zeigt?

Ihre Grundeinstellung, wie Sie Ihren Gesprächspartner sehen oder wie Sie sich ihm gegenüber fühlen, beeinflusst Ihr Verhalten. Das geschieht oft unbewusst: durch Körpersprache, Wortwahl oder Tonfall, denn Ihr gesamtes Auftreten wird durch die eigene Einstellung beeinflusst. Es ist kaum möglich, diese unterbewussten, emotionalen Signale zu steuern. Der Kunde spürt, was Sie denken, ob Sie es wollen oder nicht!

So überprüfen Sie Ihre Einstellung

Notieren Sie bitte eine Minute lang alles, was Ihnen zum Thema Kunde einfällt. Hören Sie dabei nicht auf zu schreiben. Sollte Ihnen nichts dazu einfallen, so schreiben Sie zum Beispiel *„Mir fällt jetzt nichts ein"*, und zwar so lange, bis eine Minute abgelaufen ist. Je ehrlicher Sie hier sich selbst gegenüber sind, desto mehr werden Sie von Ihren Erkenntnissen profitieren. Ihre Notizen werden Ihnen sehr schnell Ihre Einstellung dem Kunden gegenüber „verraten".

So können Sie ihre Einstellung verbessern

Bitte denken Sie jetzt einmal an einen Kunden, den Sie nicht mögen, und überlegen Sie, ob Ihnen nicht doch irgendetwas Positives zu ihm einfällt. Vielleicht sieht er besonders gut aus, ist geschmackvoll gekleidet, hat gute Umgangsformen oder ist besonders zuverlässig und pünktlich. Ein Sprichwort sagt: *„Wer nichts Gutes an einem Menschen findet, ist nur zu faul, um danach zu suchen!"* Deshalb suchen Sie – es lohnt sich!

Beim nächsten Kontakt mit ihm konzentrieren Sie sich auf seine positive Eigenschaft. Sie werden erstaunt sein, wie sich Ihre Beziehung verändert. Vielleicht funktioniert dieser Wandel nicht auf Anhieb, geben Sie bitte nicht gleich auf. Dieses Vorgehen erfordert ein wenig Übung!

Sehen Sie den Kunden als gleichberechtigten Partner

Für Ihre Einstellung einem Gesprächspartner gegenüber ist es wichtig, dass Sie sich weder überlegen noch unterlegen fühlen, weder als Sieger noch als Opfer, weder zu vertrauensselig sind noch in Abwehrhaltung oder gar in Kampfstellung gehen. Das fällt nicht immer leicht, doch sich dessen bewusst zu sein, ist bereits der erste Schritt, um Ihre Grundeinstellung zu ändern. Betrachten Sie Ihre Kunden als gleichberechtigte Partner, die genau wie Sie ihre Stärken und Schwächen haben. Sehen Sie in Ihren Kunden einfach das, was sie sind – eben Menschen.

Nie wieder ein Lippenbekenntnis

Wo Sie auch hinblicken, im Internet, auf Flyern, in der Werbung. Überall wird Kundenorientierung großgeschrieben. Doch wird das, was so **groß** geschrieben wird, auch großartig umgesetzt? In allen Leitfäden für guten Kundenkontakt stehen Freundlichkeit, ordentliches Auftreten und immer Lächeln ganz obenan. Aber reicht das aus?

Zugegeben, als kundenorientiert zu gelten, wenn man stets lächelt, immer ein paar bestechende Floskeln parat hat und immer adrett gekleidet und mit ordentlich geputzten Schuhen auftritt, klingt verlockend. Aber leider – oder zum Glück – genügt es nicht, die Fassade zu renovieren, wenn die Grundmauern bröckeln. Gute, überzeugende Kundenorientierung ist Ausdruck einer Lebenseinstellung, zu der die kleinen, versteckten Lästereien über Kunden nicht passen. Verbieten Sie sich Aussagen wie *„Oh je, der schon wieder!"*.

Ändern Sie Ihre Einstellung und die Menschen ändern sich!

Bitte beantworten Sie folgende Frage: Was müssen Sie denken, damit Ihre Kunden sich „wohl"-fühlen?

Ihre Antworten könnten lauten: *„Schön, dass Herr Maier heute zu uns kommt!"*, oder: *„Ich freue mich, dass ich heute wieder mein Bestes geben darf!"*

Wenn Sie so denken, werden Sie erfreut feststellen, dass Sie es viel häufiger mit freundlichen Kunden zu tun haben, die Ihr Lächeln mit einem Lächeln erwidern. Ihr Arbeitsalltag wird schöner, Frust tritt viel seltener oder gar nicht auf.

2.2 Der erste, entscheidende Eindruck

„Wer das erste Knopfloch verfehlt,
kommt mit dem Zuknöpfen nicht zu Rande."
(Johann Wolfgang von Goethe, deutscher Dichter)

Es gibt keine zweite Chance für den ersten Eindruck! Ob Sie Ihr Kunde als kompetent, freundlich, glaubwürdig empfindet, entscheidet sich in den ersten zehn Sekunden des Kennenlernens. Das heißt, noch bevor Sie durch Inhalte überzeugen können, hat Ihr Kunde Sie bereits in eine seiner Schubladen eingeordnet. Lediglich zu 7 Prozent können Sie den ersten Eindruck mit dem Inhalt des Gesprochenen beeinflussen, wie der amerikanische Psychologe Albert Mehrabian 1971 bei einer Studie herausfand. Die restlichen 93 Prozent setzen sich aus Körpersprache, Mimik, Haltung, Kleidung, Sprache und sogar dem Geruch zusammen. Die besten Karten haben Sie, wenn Verhalten und Aussehen der Situation angemessen sind und als stimmig empfunden werden.

Sie wirken immer!
Tipps für einen nachhaltigen ersten Eindruck

1. Die richtige Kleidung

Besonders beim ersten Eindruck orientiert sich Ihr Gegenüber gerne an Ihrem äußeren Erscheinungsbild. Es hilft ihm bei der Einordnung seines Gegenübers. Ihr gepflegtes äußeres Erscheinungsbild übermittelt dem Kunden auch Ihre Wertschätzung. Unordentliche oder unangemessene Kleidung wird häufig als Provokation oder als Beleidigung empfunden. Überdenken Sie deshalb bei Ihrer Garderobenwahl den Anlass, die Situation und Ihre Rolle.

In vielen Berufszweigen gibt es einen ungeschriebenen Dresscode, den zu beachten eine Selbstverständlichkeit sollte sein. Das kann in einer Werbeagentur Jeans und Sakko sein oder in einer Bank ein dunkler Anzug. Mit einer unangemessenen Kleidung fühlen Sie sich meist selbst unwohl und es wird Ihnen schwerer fallen, Ihre positiven Seiten zur Geltung zu bringen.

Wie sehr angemessene Kleidung von der Situation abhängt, merkte ich zum ersten Mal bewusst, als ich in der Nähe von Stuttgart in einer Kanzlei ein Seminar zum Thema Mandantenbetreuung hielt. Eine Dame mit salopper Kleidung, buntem Hahnenkamm, das ganze Gesicht mit Piercings übersät, öffnete mir die Tür zur Kanzlei. Im ersten Moment war ich mehr als erschrocken, mit so einem Outfit einer Kanzleiangestellten hatte ich nicht gerechnet (und auch noch nie während meiner 18-jährigen Trainertätigkeit erlebt). Gleichzeitig dachte ich auch an das bald beginnende Seminar und wie ich dieser Dame in einer netten Art und Weise vermitteln könnte, dass ihr Outfit für eine Kanzlei mehr als unpassend sei. In diesem Augenblick öffnete sich die Nebentür und der Kanzleiinhaber stand vor mir – mit dem gleichen Outfit: Salopp gekleidet, Hahnenkamm und gepierct. Nun war die Welt für mich wieder in Ordnung! Diese Kanzlei hatte sich auf ein ganz bestimmtes Klientel spezialisiert. Warum nicht? Dem Anschein nach hatte der Kanzleiinhaber hier sogar eine Marktlücke gefunden und sich damit einen treuen Kundenstamm geschaffen.

2. Achten Sie auf Ihre Körpersprache

Nach der oben zitierten Studie von Albert Mehrabian können Sie den ersten Eindruck zu 55 Prozent mit Ihrer Körpersprache beeinflussen. Versuchen Sie mit offenen und ruhigen Gesten zu agieren. Gerade Frauen haben oftmals unbewusst die Angewohnheit, beim ersten Kennenlernen den Kopf ein wenig schräg zu halten. Dieses „Hals zeigen" ist eine Unterwürfigkeitsgeste, die auch in der Tierwelt zu beobachten ist.

Mit Ihrer Körpersprache kommunizieren Sie auf einer unterbewussten Ebene, die nicht immer eindeutig ist. Sie kann sich je nach Nationalität und Geschlecht unterscheiden. Um einen guten Eindruck beim Kunden zu hinterlassen, lohnt sich dennoch eine Selbstanalyse. Vielleicht gelingt es Ihnen mit den untenstehenden Anregungen, auf einige Angewohnheiten Ihrer Körpersprache aufmerksam zu werden und diese positiv zu beeinflussen. Sie können diese Ebene auch dazu nutzen, Ihre gesprochenen Inhalte zu betonen, aber bleiben Sie sich in jedem Fall treu.

Körpersprache und ihre Bedeutung

☹	☺
Unsicherheit/Angst Ständig in Bewegung Sich selbst mit den Armen umklammern Auffällig häufiger Lidschlag Es wird kein Blickkontakt gehalten Mit den Fingern trommeln Mit dem Bleistift spielen Füße um die Stuhlbeine wickeln	**Sicherheit** Armbewegungen oberhalb der Taille Aufrechte und entspannte Körperhaltung Blickkontakt halten Mit den Händen ein Spitzdach nach oben formen Das Jacket öffnen Normal lautes und nicht zu schnelles Sprechen
Ablehnung Den Oberkörper zurücknehmen Gerümpfte Nase Verengte Pupillen Mit den Händen ein Spitzdach in Richtung des Gesprächspartners formen	**Zustimmung/Interesse** Mit dem Oberkörper weit nach vorn kommen Geweitete Pupillen Sich ganz dem Gesprächspartner zuwenden und sein Verhalten spiegeln
Aggression Aneinanderlegen der Zeigefinger bei Verschränkung der anderen Finger Mit dem Finger auf jemanden deuten Die Hand zur Faust verkrampfen	**Zufriedenheit** Sich die Hände reiben Weite Armbewegungen machen Sich das Kinn streicheln

3. Respektieren Sie die Distanzzone

Jeder Mensch braucht einen gewissen räumlichen Abstand zum Gesprächspartner, um sich wohlfühlen zu können. Generell gilt eine Armlänge als ideale Distanzzone. Wenn Sie sich an diese Faustregel halten, liegen Sie fast immer richtig. Es gibt allerdings einige wenige Menschen, die mehr oder weniger Abstand brauchen. Wenn Ihr Kunde ein sehr geringes Distanzbedürfnis hat, hilft nur eins: Durchhalten!

4. Verstecken Sie sich nicht hinter Ihrem Arbeitsplatz

Vermeiden Sie Barrieren, wie zum Beispiel sehr hohe Empfangstresen oder sehr große Schreibtische. Falls Sie einen großen Schreibtisch für Ihre Arbeit benötigen, probieren Sie einmal aus, was für eine Wirkung es hat, wenn Sie zur Begrüßung um den Schreibtisch herumgehen und dem Kunden damit entgegenkommen. Sie drücken damit Freude über sein Kommen aus und Offenheit für die Kommunikation.

5. Stellen Sie Blickkontakt her

Mit einem Blickkontakt signalisieren Sie Interesse und Sicherheit, gleichzeitig hilft er Ihnen, die Reaktion des Kunden auf das Gesagte einschätzen zu können. Nur so merken Sie sofort, wenn der Kunde etwas nicht versteht oder an etwas zweifelt.

6. Seien Sie freundlich und lächeln Sie

Freuen Sie sich auf den Kunden. Ein Lächeln ist die kürzeste Verbindung zwischen zwei Menschen. Außerdem verändert sich beim Lächeln Ihre Stimme. Diese wirkt freundlicher und der Gesprächspartner fühlt sich gut aufgehoben. Sollten sie einmal nicht so gut in Form sein, so lächeln Sie bewusst eine Minute lang vor sich hin. Auch wenn es kein echtes Lächeln ist, werden durch diese Mimik die als Glückshormone bekannten Endorphine im Körper ausschüttet und Sie fühlen sich besser.

7. Sprechen Sie Ihren Kunden mit Namen an

Nichts hört der Mensch lieber als seinen Namen. Dadurch fühlt er sich persönlich angesprochen und ernst genommen. Selbst am Telefon macht es einen großen Unterschied, ob Sie sagen „Kleinen Moment, ich verbinde“ oder „Kleinen Moment, Frau Sonntag, ich verbinde!“

Gehen Sie außergewöhnliche Wege – bauen Sie eine Vor-Beziehung auf

Der Erstkontakt mit dem Kunden ist und bleibt ein kritischer Moment. Sie haben nur 10 Sekunden Zeit, sich ins rechte Licht zu rücken, und der erste Eindruck hängt selbst bei der akribischsten Vorbereitung auch von nicht beeinflussbaren Faktoren ab.

Es gibt eine Möglichkeit, den immensen Druck von diesen ersten 10 Sekunden zu nehmen, indem Sie schon vor der ersten visuellen Begegnung Ihre Kompetenz unter Beweis stellen:

- Senden Sie dem Kunden vorab nutzenorientiertes Informationsmaterial.
- Legen Sie ihm zu Ihrer Imagebroschüre auch noch einen Informationsbrief bei mit Inhalten, die zu seinem beruflichen Hintergrund passen.

Dadurch ist der Kunde schon positiv auf Sie eingestimmt und der Stellenwert des ersten visuellen Eindrucks relativiert sich. Das Augenmerk des Kunden wird durch die Vorabbeziehung schneller auf die fachlichen Inhalte gelenkt.

Erarbeiten Sie mit Ihren Mitarbeitern einen „Vor-Beziehungs-Katalog". Ein Brainstorming erleichtert die Lösungsfindung und fördert die Kreativität. Durch dieses „Gemeinsam-an-einem-Strang-Ziehen" fühlen sich die Mitarbeiter stärker an ihr Unternehmen gebunden. Gleichzeitig werden die selbst erarbeiteten Ergebnisse gezielter und mit mehr Motivation umgesetzt.

Sie haben es mit diesen Punkten geschafft, einen positiven ersten Eindruck zu hinterlassen? Glückwunsch! Denken Sie bitte daran, dass es mit dem einen Mal noch nicht getan ist. Damit allein haben Sie die Gunst des Kunden noch nicht gewonnen. Nur wer auch bei jeder weiteren Begegnung einen guten Eindruck hinterlässt, überzeugt.

2.3 Die Bedeutung von Sprechtechnik, Stimme und Stimmung

Sie führen mit einer noch unbekannten Kundin ein Telefonat. Eine hektische, gestelzt wirkende Stimme, immer wieder Unterbrechungen des Gesprächs, weil sie offensichtlich jemandem in recht herablassend wirkender Form Anweisungen gibt ... Ihre Fantasie arbeitet. Ihr Bild der zickigen Alten entsteht ... Ja, wie leicht schlägt unsere Phantasie Saltos, wenn wir uns nur über das Gehörte ein Bild machen.

Rundfunkjournalisten sprechen vom *„Kino im Kopf"*. Klang und Sprache verursachen beim Zuhörer eine bildhafte Vorstellung. Dieses Phänomen des *„Kino im Kopf"* lässt sich vortrefflich für Kundengespräche am Telefon nutzen. Eine freundliche Stimme am Telefon, die Kompetenz und Engagement ausstrahlt, lässt von dem Gesprächspartner ein sympathisches Bild entstehen und schafft damit den so wichtigen positiven ersten Eindruck.

Klangfarbe der Stimme, Artikulation, die Wortwahl bis hin zu dem sich in der Stimme widerspiegelnden persönlichen Empfinden sind die Faktoren, die den ersten Eindruck am Telefon ausmachen. Ob Ihre Stimme rauchig ist wie die von Marlene Dietrich oder hell wie die Stimme von Heidi Klum, ist in Ihren Genen verankert. Doch wie Sie diese Stimme einsetzen, das können, ja das müssen Sie steuern, wenn Sie Ihre Stimme zum Instrument einer erfolgreichen Gesprächsführung machen möchten. Das gilt sowohl für das Telefongespräch wie auch für das Gespräch vis à vis.

Tipp

Analysieren Sie Ihr stimmliches Potenzial, indem Sie ein Telefongespräch aufnehmen und Ihre Stimme selbstkritisch beurteilen. Was weckt Sympathie und Vertrauen, was müssen Sie ändern, um den Eindruck am anderen Ende der Leitung zu verbessern?

Stimmhöhe

Haben Sie eine hohe oder eine tiefe Stimme?

Eine dunkel gefärbte Stimme strahlt mehr Kompetenz aus. Wer eine tiefe Stimme hat, muss jedoch besonders darauf achten, flüssig zu sprechen, um nicht langweilig oder schwerfällig zu klingen.

Wer eine hohe Stimme und dazu ein schnelles Sprechtempo hat, wirkt leicht hektisch. Bremsen Sie sich und legen Sie genügend Sprechpausen ein.

Klangfarbe

Eine volle weiche Stimme klingt angenehmer als eine gepresste oder gar scharfe. Die Klangfarbe Ihrer Stimme können Sie mit Ihrem Kopf und Ihrem Oberkörper als Resonanzraum beeinflussen.

Machen Sie hierzu zwei Übungen:

Halten Sie sich an Ihrer Schreibtischplatte fest, spannen Sie Ihren Oberkörper an, blicken Sie zur Decke und versuchen Sie, angestrengt mit Ihrem Kehlkopf zu sprechen. Das Gefühl dabei ist nicht nur für Sie unangenehm, sondern auch für den Zuhörer.

Jetzt stellen Sie sich aufrecht, entspannt und bequem hin, den Kopf neigen Sie leicht nach unten, achten Sie darauf, in Mund und Hals ein entspanntes Gefühl zu haben. (Eine ehemalige Sopranistin der Dresdner Semperoper hat mir den Tipp gegeben, einmal herzhaft zu gähnen, um das Gefühl von Lockerheit und Weite in Mund, Nebenhöhlen und Kehle zu erzeugen). Wenn Sie in dieser Haltung sprechen, klingt Ihre Stimme weicher und voller.

Atmung

Um diese bewusste Lockerheit auch während des Telefongespräches beibehalten zu können, während Sie sich auf Gesprächsinhalte konzentrieren, ist die richtige Atmung wichtig. Schauspieler und Sänger schwören auf die Bauchatmung. Sitzende Tätigkeiten, einengende Kleidung und Stress lassen uns oft sehr oberflächlich atmen, weil sich beim Luftholen vor allem der

Brustkorb hebt und senkt. Bei der tieferen Bauchatmung hebt und senkt sich der Bauch. Ärzte empfehlen die Bauchatmung, weil dabei mehr Sauerstoff aufgenommen und das Gehirn besser versorgt wird. Ein weiterer Effekt der Bauchatmung: Sie beruhigt, Ihre Stimme wird um eine Nuance tiefer.

Um Bauchatmung zu spüren, legen Sie sich auf den Boden und legen Sie einen Stapel Bücher auf Ihren Bauch. Atmen Sie ein und aus und beobachten Sie, wie sich der Bücherstapel hebt und senkt. Spüren Sie, wie Sie ganz nebenbei nach einem anstrengenden Tag schnell zur Ruhe kommen?

Sprachmodulation

Vor ein paar Tagen bekam ich einen telefonischen Werbeanruf. Eine hörbar ungeübte Stimme bot mir in einem monotonen Singsang eine kostenlose Beratung für irgendetwas an. Ein Sinn war hinter dem, was da heruntergeleiert wurde, nicht zu erkennen. Zudem fiel die Stimme bei jedem Satzende ein paar Tonstufen nach unten, um gleich darauf mit einem gesprochenen Fragezeichen in piepsende Höhen zu klettern. Einerseits hatte ich spontan die Assoziation zur Stimme von Verena Pooth. Aber zugleich wurde mir der entscheidende Unterschied zwischen Verena Pooth und meinem Anrufer klar: Auch Verena Pooth moduliert ihre Stimme von tief nach hoch, von schnell nach sehr schnell. Aber während aus der Stimme des vermutlich bisher nicht gerade von Erfolg verwöhnten Telefonverkäufers deutlich hörbar offensichtlicher Frust sprach, strahlte Verena Pooth vom ersten TV-Auftritt an das glatte Gegenteil von gelangweilt und monoton aus. Sie plauderte und plaudert mit einem entwaffnenden Lächeln einfach drauflos.

Trainieren Sie Ihre Sprachmodulation am besten, indem Sie Ihre Stimme dann beobachten, wenn Sie ungezwungen mit Freunden reden. Sie werden einmal langsamer, einmal schneller sprechen, an spannenden Stellen werden Sie leiser werden, an lustigen lauter. Das ist Ihre natürliche Sprechweise. Behalten Sie diese bei. (Das fällt Ihnen vielleicht leichter, wenn

Sie sich vorstellen, dass der Anrufer ein guter Bekannter ist.) Auch wenn Ihr Gesprächspartner am Telefon weder Ihre Mimik noch Ihre Gestik sieht – stellen Sie sich vor, dass er Ihnen gegenübersitzt. Kontrollieren Sie Ihre Mimik, lächeln Sie wie Sie lächeln, wenn Sie in den Spiegel schauen. Gestikulieren Sie, bewegen Sie sich, stehen Sie auf, das verleiht Ihrer Stimme mehr Energie und fördert zudem Ihre Konzentration.

Hören Sie Ihrer Sprachmelodie zu: Eine Sprachmelodie, die gegen Ende des Satzes leicht ansteigt, wirkt engagiert und freundlich.

Tipp

Vermeiden Sie es nach Möglichkeit, vorformulierte Fragen oder einen Beratungstext einfach abzulesen. Abgelesenes so klingen zu lassen, als sei es frei gesprochen, ist eine Kunst für sich. Wenn es trotzdem sein muss, kündigen Sie an, dass Sie jetzt einen Text zitieren oder eine vorformulierte Frage stellen.

Artikulation

Oberstes Gesetz für alle Telefonate ist: Sprechen Sie deutlich. Kontrollieren Sie Ihre Aussprache, indem Sie sich selbst zuhören. Wenn Ihr Gesprächspartner immer wieder nachfragt, weil er Sie nicht verstanden hat, ist es höchste Zeit, an Ihrer Artikulation zu arbeiten.

Sprechgeschwindigkeit

Wie gut Sie verstanden werden – im direkten Gespräch oder im Telefonat – hängt auch von Ihrem Sprechtempo ab. Ihr Gegenüber hat das, was Sie sagen, nicht zusätzlich schriftlich vor sich, muss also den Sinn dessen, was Sie ihm erläutern, allein über das Gehör erfassen. Da verbietet es sich, in Höchstgeschwindigkeit Inhalte herunterzurattern, wie dies einem Notar zugestanden sei, der einen notariell zu beglaubigenden Kaufvertrag in Anwesenheit von Käufer und Verkäufer vorliest, den in diesem Fall jedoch jeder vor sich hat und mitlesen kann. Im Übrigen ist ein moderates Sprechtempo vertrauenerweckend, zeigt Sicherheit und Kompetenz.

Jede Sprechgeschwindigkeit variiert je nach Stimmung. Sind Sie müde, sprechen Sie langsamer als wenn Sie frisch und in Hochstimmung sind. Unabhängig von Ihrer aktuellen Stimmung geht es jedoch darum, dass Sie sich der Situation, also Ihrem Gesprächspartner, anpassen. Auch wenn Sie müde sind – hektische Menschen wollen prompte Information. Sprechen Sie also trotz Müdigkeit zügig. Gemütliche, bedächtige Menschen hingegen schätzen auch von Ihnen ein beschaulicheres Tempo.

Wie Sie etwas erläutern, hängt natürlich ganz wesentlich vom Gesprächsinhalt ab. Geht es um leichtere Inhalte, sprechen Sie flüssig. Wichtigen Informationen verleihen Sie hingegen mehr Bedeutung, indem Sie langsamer und besonders deutlich sprechen und gezielt Pausen einlegen.

Sprachlautstärke

Kennen Sie die alten Spielfilme mit Hans Moser, wie er als Oberkellner den Hörer vom Telefon abhebt und ein lautes „Hallo" hineinruft? Die Telefontechnik hat sich inzwischen stark verbessert. Sie brauchen nicht lauter als normal zu sprechen. Zu lautes Sprechen wirkt zudem unangenehm, oft sogar aufdringlich. Wenn Sie jedoch zu leise sprechen, wirken Sie unsicher oder gar desinteressiert.

Wählen Sie die Lautstärke, die Sie selbst als moderat und angenehm empfinden, wenn man mit Ihnen spricht.

Mundart

Wenn Sie ein Textilunternehmer für Trachtenmode in Bayern sind, gehört es fast dazu, dass Sie zumindest eine Dialektfärbung haben. Hingegen erwartet man zum Beispiel von einem Staatsanwalt eine korrekte Amtssprache.

Generell gilt: Solange Ihr Gesprächspartner den gleichen Dialekt spricht wie Sie, ist es völlig in Ordnung, wenn auch Sie Ihren Dialekt beibehalten. Selbst wenn Ihr Kunde nicht Mundart spricht, verlangt niemand von Ihnen, Ihren Dialekt völlig zu verleugnen. Doch sorgen Sie dafür, dass Sie Hochdeutsch mit Dialektfärbung sprechen und nicht Dialekt mit einigen Hochdeutsch-Brocken.

Lächeln

Lächeln ist ein Allheilmittel, es entspannt und es setzt schon allein durch die Aufwärtsbewegung der Mundwinkel Glückshormone frei. Achten Sie darauf, dass Ihrer Stimme Glückshormone anzuhören sind.

Fazit: Versuchen Sie sich optimal am Telefon zu präsentieren.

- Lächeln Sie.
- Sprechen Sie deutlich, lebendig und eher langsam.
- Lassen Sie Ihre Stimme locker klingen.
- Finden Sie eine angenehme Lautstärke.

Vergessen Sie nie, Sie selbst zu sein, bleiben Sie authentisch. Die freundliche, aber sterile Stimme Ihres Navigationsgerätes ist zwar korrekt, wird es aber kaum schaffen, ein positives, persönliches Verhältnis zu Ihnen aufzubauen wie Ihnen dies zu Ihren Kunden aufgrund Ihrer Persönlichkeit gelingt.

2.4 Das Telefon, die akustische Visitenkarte

In einer Welt, die vor allem auf visuelle Reize setzt, überschlägt sich die Werbung mit Hochglanz-Flyern, beeindruckenden Internetauftritten, TV- und Radio-Spots. Umso unverständlicher ist es, dass dagegen so mancher Firmenauftritt am Telefon noch immer stiefmütterlich behandelt wird.

Wem bewusst ist, wie entscheidend der erste Eindruck im menschlichen Miteinander ist, der weiß auch, dass es sich lohnt, darüber nachzudenken, wie über eine sympathische Begrüßung am Telefon ein positiver Eindruck entsteht.

Es gibt wirkungsvolle Begrüßungsformeln, aber keine, die für jeden erfolgversprechend ist. Was sich beim Einen kompetent, sympathisch und vertrauenerweckend anhört, klingt beim Anderen steif, hölzern, gekünstelt. In meinen Telefon-Seminaren teste ich die verschiedenen Formulierungen so lange aus, bis jeder Kursteilnehmer seine individuelle, authentische Lösung gefunden hat.

Die traditionelle Reihenfolge

Untersuchungen haben gezeigt, dass sich ein Anrufer in den ersten drei bis fünf Sekunden kaum auf den Inhalt der Ansage konzentrieren kann. Diese Sekunden benötigt er für die sogenannte Spracherkennung. Er konzentriert sich unbewusst auf die Stimme, sortiert, ob der Gesprächspartner weiblich oder männlich ist, ob er ihm sympathisch oder unsympathisch ist. Deshalb ist es nicht nur ein Gebot der Höflichkeit, sondern aus den genannten Gründen zu empfehlen, das *„Guten Tag“* an erste Stelle zu setzen. Dem *„Guten Tag“* folgt der Firmenname und der eigene Name mit **Vornamen**. Den Vornamen zu nennen, macht die Namensnennung nicht nur verständlicher und eindeutiger, sondern auch persönlicher und moderner. Eine Ausnahme können Sie hier machen, wenn Ihr Vorname für Verwirrung sorgen könnte. Etwa weil Sie Günther Jauch oder Christine Neubauer heißen oder weil Ihr Vorname zu kompliziert ist.

Das Telefon schellt, sie melden sich zum Beispiel mit *„Guten Tag, Sonntag & Partner, mein Name ist Tanja Schmitt“.*

Die Formulierung **„mein Name ist"** sagt Ihnen nicht zu? Dann ersetzen Sie **„mein Name ist"** mit einer kurzen Pause. Die Pause vor dem Vornamen macht Ihre Begrüßung verständlicher. Der Anrufer kann zwischen Kanzleinamen und Ihrem Namen besser unterscheiden.

Welche Variante Sie auch wählen, sie klingt richtig gut und sympathisch, wenn Sie dabei lächeln und langsam und deutlich sprechen. Heben Sie am Ende noch ein wenig die Stimme, und Sie schaffen mit der Begrüßung bereits eine angenehme Gesprächsatmosphäre.

Was Sie auf keinen Fall sagen sollten

„Sie sprechen mit ..." kann leicht arrogant wirken, nach dem Motto *„Sie sprechen mit Gräfin von ..."*.

Streichen Sie Aussagen wie *„am Apparat"*. Schon das Wort „Apparat" ist in seiner Klangfarbe zu hart, ganz abgesehen davon, dass ein Apparat nicht unbedingt geeignet ist, die gedankliche Verbindung zu einem Menschen herzustellen.

Was in der Begrüßungsformel besonders kundenfreundlich wirken soll, ist inzwischen so abgedroschen, dass ich dringend davon abrate, nämlich die der Begrüßung angehängte Frage *„Was kann ich für Sie tun?"*.

Wenn die Begrüßung zu lang wird, wirkt sie nicht nur stereotyp, sie „nervt" den Anrufer auch, der ungeduldig darauf wartet, endlich sein Anliegen vorbringen zu können.

Variationen kommen an!

Die Begrüßungsformel *„Guten Tag, Sonntag & Partner, mein Name ist Tanja Schmitt"* wenden inzwischen schon viele Unternehmen an, sodass diese Begrüßung niemanden mehr überrascht. Deshalb lassen Sie sich etwas Besonderes einfallen, um schon mit der Begrüßung zum Ausdruck zu bringen, dass Sie Ihren Kunden einen verbalen roten Teppich ausrollen und dass Sie sich von der Masse abheben. Sie melden sich zum Beispiel mit *„**Willkommen** bei Sonntag & Partner, mein Name ist Tanja Schmitt“*.

Machen sie einen Denksport daraus, möglichst viele Begrüßungsvarianten zu überlegen und einzusetzen. So eine kleine Aufmerksamkeit Ihrem Kunden gegenüber überrascht, kommt gut an und hinterlässt einen bleibenden Eindruck.

Wenn Sie den Namen des Anrufers nicht verstehen

Ihr Kunde nennt Ihnen zwar seinen Namen, den Sie jedoch beim besten Willen nicht verstehen. Oder ein Anrufer nennt seinen Namen gar nicht. Um Ihren Kunden ansprechen zu können, müssen Sie seinen Namen jedoch unbedingt wissen.

Fragen Sie also nach. Aber bitte nicht mit *„Wie war noch Ihr Name?“*. Ihr Kunde lebt zum Glück noch, also müsste die Frage allenfalls heißen *„Wie ist Ihr Name?“* Viel sympathischer jedoch klingt, wenn Sie nachfragen: *„Ich habe Ihren Namen akustisch nicht verstanden.“* Sollten Sie ihn auch ein zweites Mal nicht verstehen, so lassen Sie ihn sich buchstabieren.

Kundenfreundliches Weiterleiten der Anrufe:

Auf die richtige (Ver-)Bindung kommt es an!

☹

„Kleinen Moment, ich verbinde Sie.“
„Ich verbinde Sie“, sagen die meisten Menschen und streng genommen ist es so nicht richtig. Sie können eine verstauchte Hand verbinden, aber Ihr Kunde ist doch keine Mumie.

☺

„Kleinen Moment, Frau Müller, ich verbinde."
„Einen Augenblick bitte, Frau Müller, ich verbinde Sie mit Herrn Gschwind."

Telefongespräche ankündigen

☹

„Chef, ich habe ein Gespräch!"

☺

„Herr Gschwind, ich habe Frau Müller von Müller und Partner für Sie am Telefon. Es geht um ... Ich verbinde Sie mit ihr."

Achtung: Legen Sie bitte nicht vorschnell auf. Warten Sie noch ein „Danke", „In Ordnung" oder ein „Ja" ab.

Herr Gschwind hat im Moment für den angekündigten Anrufer keine Zeit

☹

1. *„Hör'n Sie bitte, Herr Gschwind kann im Augenblick nicht!"*
2. *„Der Chef kann momentan den Anruf nicht annehmen, möchten Sie vielleicht später nochmal anrufen?"*

☺

1. *„Frau Müller, kann Hr. Gschwind Sie innerhalb der nächsten Stunde zurückrufen?"*
2. *„Herr Gschwind spricht gerade. Darf er Sie in einer Stunde zurückrufen oder möchten Sie lieber noch einmal anrufen?"*

3. *„Frau Müller (Pause) Herr Gschwind möchte Sie gerne heute Nachmittag zwischen 14.00 und 16.00 Uhr zurückrufen. Sind Sie da telefonisch zu erreichen?“*

Warten? Nein danke!

Wenn Sie Ihren Kunden warten lassen müssen, geben Sie einen Zwischenbescheid – Lassen Sie den Anrufer nicht „verhungern“!

☹
Sagen Sie bitte hier nicht: *„Kann“* Herr Gschwind zurückrufen?“ Die Antwort vom Kunden könnte lauten: *„Ob er das kann, weiß ich nicht!“*

☺
1. *„Möchten Sie noch einen Moment warten oder darf Hr. Gschwind Sie zurückrufen?“*
2. *„Frau Müller, ich habe Sie nicht vergessen. Herr Gschwind spricht noch. Möchten Sie warten?“*
3. *„Frau Müller, sie haben jetzt so lange gewartet. Darf Herr Gschwind Sie zurückrufen?“*
4. *„Frau Müller?* (Pause!) *Herr X telefoniert noch. Möchten Sie eine Nachricht hinterlassen oder (lieber) später nochmal anrufen?“*

Telefonwarteschleifen

Eine Telefonwarteschleife ist vom Ansatz her eine schöne Idee. Noch bevor der Kundenberater das Telefon abnimmt, wird der Anrufer mit der telefonischen Corporate Identity begrüßt, mit Informationen über Öffnungszeiten versorgt, die unterlegte Musik setzt das Gesagte gekonnt in Szene. Auch wenn der angerufene Mitarbeiter gerade telefonieren sollte, erklingt am anderen Ende der Leitung kein schnödes Besetztzeichen, sondern Musik und freundliche Durchhalteparolen, die versprechen, man werde so bald wie möglich mit dem Mitarbeiter verbunden. Diese Warteschleifen sind allerdings nicht bei allen Kunden beliebt, weil sie damit häufig schlechte Erfahrungen gemacht haben. Bei einer Telefonfirma, deren Nummer ich gewählt hatte, wurde ich zunächst über 15 Minuten lang in der Warteschleife „geparkt". Auf die Begrüßungsmelodie habe ich in dieser Zeit eine Allergie entwickelt.

Es gibt auch Telefonwarteschleifen, die wie ein Schutzwall vor Kunden wirken. Man wird aufgefordert, den Anlass seines Anrufs zu kategorisieren („für Fragen zur Rechnung drücken Sie die 1, für Beschwerden die 2 ..."). Und schließlich soll man dem blechern klingenden Sprachcomputer noch seine Kundennummer mitteilen, bevor man endlich durchgestellt wird. Aufgebrachte Kunden werden durch solche Maßnahmen noch wütender, das wird der bedauernswerte Mitarbeiter zu spüren bekommen, der den Anruf entgegennimmt. Meine Hochachtung, wenn es ihm dennoch gelingen sollte, von der Kundenorientierung und Kundenfreundlichkeit dieses Unternehmens zu überzeugen. Wägen Sie den Einsatz einer Telefonwarteschleife für Ihr Unternehmen sehr sorgfältig ab und – falls Sie sich dafür entscheiden – überraschen Sie Ihre Kunden positiv mit einer sehr persönlichen, zeitlich sehr begrenzten, einfach durch und durch anderen als den üblichen Telefonwarteschleife.

Zehn Tipps für mehr Wirkung am Telefon

1. Lassen Sie das Telefon nie länger als drei Mal klingeln.

Bei längerem Klingeln könnte sehr schnell der Eindruck erweckt werden, dass Sie jetzt wieder ein Kaffeekränzen halten. Gerade Anrufer, die unter Zeitdruck stehen, haben ein anderes Zeitempfinden.

2. Seien Sie freundlich.

Ein verstimmtes, muffiges „Meier" am frühen Morgen hört niemand gerne. Hier möchte der Gesprächspartner am liebsten sofort wieder auflegen. Freundlichkeit beginnt bereits mit dem Melden des Namens und mit einem Lächeln. Lächeln Sie schon, bevor Sie zum Hörer greifen.

3. Vermeiden Sie Hintergrundgeräusche.

Während Sie telefonieren, sollte Ihre Umgebung absolut ruhig sein. Weder lautes Lachen im Hintergrund, da ein Kollege soeben einen Witz erzählt hat, noch klapperndes Geschirr sollte diese Ruhe stören. Je ruhiger der Hintergrund, desto leichter fällt es Ihnen, sich zu konzentrieren, auch die Informationen „zwischen den Zeilen" herauszuhören, also das aufzunehmen, was der Kunde nicht ausdrücklich sagt.

4. Konzentrieren Sie sich auf das Gespräch.

Stellen Sie sich auf den Telefonpartner ein und seien Sie hundertprozentig bei der Sache. Sie können Zusammenhänge schneller erfassen und es entstehen weniger Missverständnisse.

5. Erwähnen Sie den Namen.

Nichts hört ein Mensch lieber als seinen Namen, deshalb schreiben Sie sich den Namen des Anrufers sofort auf. Indem Sie Ihren Kunden mit Namen ansprechen, stärken Sie sein Selbstwertgefühl, zeigen ihm, dass er für sie nicht irgendjemand ist, sondern Herr Sonntag. Es klingt zudem sehr persönlich, wenn Sie sagen: *„Einen kleinen Moment, Herr Sonntag, ich verbinde Sie mit Frau Meier."*

Aber bitte nicht übertreiben: Auch während eines längeren Gesprächs sollte der Name des Gesprächspartners nicht mehr als drei oder vier Mal genannt werden.

6. Hören sie aufmerksam zu.

Lassen Sie den Gesprächspartner ausreden und hören Sie ihm aktiv zu. Gegenfragen vom Anrufer wie „Sind Sie noch da?" zeigen Ihnen, das Ihr Anrufer sich unwohl fühlt. Er ist sich nicht sicher, ob Sie den Hörer beiseite gelegt haben oder noch ganz Ohr sind. Aktives Zuhören können Sie am Telefon mit den Füllwörtern „Ich verstehe", „Mmhm", „Ah", „Ah ja" signalisieren.

Zehn Tipps für mehr Wirkung am Telefon (Fortsetzung)

Besonders die Japaner verstehen es sehr gut, aktiv zuzuhören. Mit Ihrem Feedback im Sekundentakt („Ja, ja, ja") vermitteln Sie ihre Wertschätzung in einer ganz besonderen Art und Weise. Achtung: Diese Methode ist auf Deutschland nicht übertragbar.

7. Bieten Sie Ihre Hilfe an.

Würgen Sie einen Anrufer, dem Sie im Augenblick nicht weiterhelfen können, nicht ab, sondern bieten Sie ihm Ihre Unterstützung an.

Das kann eine Notiz sein, die Sie für den Anrufer aufnehmen, oder auch eine Telefonnummer eines Amtes, falls er bei Ihnen falsch gelandet ist. Sagen Sie auf keinen Fall: „Da müssen Sie schon selbst das Finanzamt anrufen!", sondern bieten Sie Ihre Hilfe an.

8. Stehen Sie beim Telefonieren auf.

Stehen Sie auf, wenn Sie sich unsicher fühlen. Das gibt Ihrer Stimme Kraft und vermittelt einen dynamischen Eindruck. Sie fühlen sich und wirken auch selbstbewusster, wenn Sie im Stehen telefonieren.

9. Wiederholen Sie wichtige Informationen.

Wiederholen Sie wichtige Informationen während des Gespräches und halten Sie diese schriftlich fest.

10. Legen Sie zuletzt den Hörer auf.

Es ist unhöflich und wirkt auf den Anrufer negativ, wenn Sie den Hörer nach dem Gespräch und noch beim Verabschieden auflegen. Der letzte bleibende Eindruck ist dann Ihre sicher unbeabsichtigte Botschaft „Endlich ist das Gespräch vorbei!". Warten Sie nach dem Verabschieden ein paar Sekunden und legen Sie dann erst den Hörer auf.

Auch telefonieren ist Übungssache. Gerade das Telefon, eines der wichtigsten Kommunikationsmittel unserer Zeit, bietet Ihnen enorme Chancen, sich von Ihren Mitbewerbern abzuheben, wenn Sie es so sensibel einsetzen wie es ist.

2.5 Mehr Erfolg durch positive Sprache

Es ist ein bekannter Vergleich, der aber immer wieder besticht: Der Pessimist spricht von dem Glas, das schon halb leer ist, der Optimist freut sich über sein Glas, das noch halb voll ist.

Rational betrachtet wird beide Male der gleiche Zustand ausgedrückt. Doch emotional ist der Unterschied beträchtlich.

Die pessimistische Sichtweise drückt auf die Stimmung. Es schwingt Bedauern in der Formulierung, vielleicht sogar unterschwellige Befürchtungen: *„Wenn es jetzt schon halb leer ist, dann ist der Zustand des vollkommen Leeren nicht mehr weit. Vielleicht tritt dann ein Mangelzustand ein."*

Die optimistische Sichtweise lässt aufatmen. Bei dem Wort „voll" assoziieren wir „Überfluss". Es lässt sich so entspannter vor dem Glas sitzen, die Atmosphäre ist deutlich freundlicher.

Unsere positive Sprache ist einer der Schlüssel, um dem Kunden Freundlichkeit, Motivation und Hilfsbereitschaft zu vermitteln. Ihr Produkt kann noch so herausragend sein, wenn Sie es dem Kunden nicht überzeugend anbieten können, wird es zum Ladenhüter. Ihre positive Sprache verstärkt das, was Sie sagen. Je schwieriger eine geschäftliche Situation, desto größer das Gewicht der Worte, die Sie wählen. Das Know-how der Wirkung von Worten und die entsprechend gezielte Wortwahl helfen Ihnen entscheidend, Ihre Pluspunkt-Waagschale zu füllen.

Es gibt drei Grundregeln für positive Kommunikation:

1. **Vermeiden Sie Verneinungen.** Versuchen Sie stattdessen, einen Sachverhalt positiv auszudrücken.

2. **Sagen Sie nicht, was nicht geht,** sondern bieten Sie konkrete Lösungen an. Sagen Sie, was Sie für Ihren Kunden tun können, damit es geht und wie es geht.
3. **Streichen Sie negativ behaftete Wörter** möglichst ganz aus Ihrem Wortschatz, zum Beispiel „müssen", „nicht", „kein", „aber", „Problem", „nur" ...

Wenn Sie sich an diese Grundregeln halten, tragen Sie entscheidend zu einer angenehmen Gesprächsatmosphäre bei. Neben der deutlich besseren Wirkung auf Ihren Kunden erhöhen Sie mit positiven Formulierungen auch Ihre Eigenmotivation.

Warum das „Muss" weg muss

Angenommen ein Kunde ruft Sie an und hat eine Detailfrage zu seinem von Ihnen bearbeiteten Fall. Was antworten Sie ihm zunächst: *„Da muss ich mir zuerst Ihre Akte holen!"?* Auch wenn diese Aussage so oder ähnlich üblich ist, ist sie noch lange nicht vorteilhaft. Leider wimmelt es im Kundenkontakt nur so von nicht durchdachten Standardaussagen: *„Da muss ich nachfragen", „Da muss ich mir die Akte bzw. Unterlagen holen", „Das muss ich mir kurz notieren"* ... **„Muss"** hat etwas mit Zwang, Druck oder Fremdbestimmung zu tun und transportiert unterschwellig den Eindruck: *„Ich mache es nicht gerne. Ihretwegen muss ich jetzt nachfragen oder mir die Unterlagen holen. Durch Sie habe ich jetzt einen gewissen Aufwand zu betreiben, der mir lästig ist."*

Probieren Sie doch einmal, wie es wirkt, wenn Sie den Kunden Ihr Engagement spüren lassen, indem Sie sagen: *„Ich frage gerne nach", „Ich hole mir soeben Ihre Akte", „Ich notiere es mir gerne!"* Falls Ihnen *„gerne"* zu gekünstelt wirkt, verwenden Sie stattdessen *„gleich"*, oder Sie lassen das Wort *„muss"* einfach weg.

Versuchen Sie die unten notierten Sätze umzuformulieren, sodass Sie ohne das Wort „müssen" auskommen.

☹	☺
„Da muss ich mir erst die Akte/Unterlagen holen."	„Ich hole mir gleich ihre Akte/ Unterlagen."
„Das muss ich mir notieren."	„Ich notiere es mir gerne."
„Das muss ich prüfen!"	„Ich sehe mir das gerne an."
„Sie müssen schon entschuldigen."	„Bitte entschuldigen Sie, ..."
„Da muss ich Sie verbinden."	„Ich verbinde" oder „Ich verbinde Sie mit Frau/Herrn ..."
„Das müssen Sie mir schon glauben."	„Bitte glauben Sie mir, ..."
„Das müsste sich auf etwa 800 Euro belaufen."	„Ich stelle Ihnen 800 Euro in Rechnung."
„Sie müssten es nächste Woche haben." „Ich schicke es Ihnen gleich morgen mit der Post".	„Ich schicke es Ihnen gleich nächste Woche zu."
„Wir müssten es am ... fertig haben."	„Wir sind am ... damit fertig!" (Denken Sie bitte einen Zeitpuffer zu setzen.)

Tipp

Menschen, die unter Zeitdruck stehen, hören das Wort „schnell" sehr gerne. ("Ich hole mir schnell Ihre Unterlagen!")

„Nicht" ist so nichtig wie das Wort selbst

Neben der objektiven Bedeutung transportieren Worte auch Empfindungen und Emotionen. Dafür übersetzt das Gehirn die Begriffe bevorzugt in Bilder. Im Kundenkontakt sollten Sie alles daran setzen, positive Bilder hervorzurufen. Dass dies durchaus auch möglich ist, wenn die Botschaft negativ ist, zeigen die folgenden Beispiele verneinender Aussagen und deren positiver Alternativen:

☹	☺
„Heute klappt es leider nicht mehr."	„Ich beginne gleich Anfang nächster Woche damit!", „Ich erledige es gleich Anfang nächster Woche für Sie!"
„Sie haben doch nichts dagegen, wenn ...?"	„Sind Sie damit einverstanden, wenn ...?"
„Ich kann Ihnen aber nichts versprechen!"	„Was ich gleich für Sie tun kann, ..."
„Da haben Sie mich nicht richtig verstanden."	„Gemeint habe ich folgendes: ..."
„Wir werden den Termin nicht einhalten können."	„Wir benötigen noch ... Tage!"
„Um Ihnen nichts Falsches zu sagen."	„Um Sie richtig zu informieren, ..."
„Da will ich nicht widersprechen."	„Dem stimme ich zu."
„Vergessen Sie bitte nicht den ..."	„Denken Sie bitte an ..."

„Aber" heißt: Die Sache hat einen Haken

Das Wort „aber" weist immer auf ein Problem hin und ist somit eine negative Botschaft. Es ist nicht nur der negative Beigeschmack, der hier zurückbleibt. Das Wort „aber" verhindert, dass die Botschaft, die Sie übermitteln wollen, richtig ankommt. Beispiel: *„Vielen Dank, Herr Sorglos, dass Sie die Unterlagen jedes Mal vollständig bei uns einreichen, aber könnten Sie es dieses Mal nicht schon ein paar Tage früher tun?"* Es ist eher unwahrscheinlich, dass Sie auf diese Bitte hin die Unterlagen früher bekommen werden. Herr Sorglos hört aus dem ersten Teil des Satzes heraus, dass etwas nicht in Ordnung ist und fühlt sich kritisiert. Die eigentliche Bitte, die Unterlagen doch früher einzureichen, geht dabei verloren.

Wie wäre es, wenn Sie stattdessen sagen: *„Vielen Dank, Herr Sorglos, dass Sie die Unterlagen jedes Mal vollständig bei uns einreichen. Und ganz besonders danken wir Ihnen, wenn Sie uns dieses Mal Ihre Unterlagen schon am 24. dieses Monats einreichen könnten."*

Auch wenn Sie das Für und Wider einer Sache abwägen und zwei gleichberechtigte Argumente mit „aber" verbinden, bekommt der Satz ein Ungleichgewicht für den Zuhörer. „Unser Produkt ist das wirkungsvollste, das es auf dem Markt gibt, aber es ist sehr teuer." Das zweite Argument gewinnt durch das vorangesetzte „Aber" eine viel höhere Bedeutung als das erste. Ersetzen Sie das „Aber" beispielsweise durch „allerdings", so bleiben beide Argumente ebenbürtig stehen.

Übrigens: Früher wurde in Schulungen Managern die Ja-aber-Methode beigebracht: „Ja, lieber Kunde, Sie haben ja so Recht, aber ...!"
Solch ein Widerspruch ist nicht zielgerichtet, sondern reizt!

Sprechen Sie Klartext!

Relativierende Wörter wie „eventuell, „in der Regel", „möglicherweise" ... strahlen Unsicherheit aus und können den Kunden provozieren, denn er wünscht sich eine definitive Antwort.

Besonders negativ ist die Verwendung des Wortes „nur". Wenn Sie in einer Anwaltskanzlei anrufen und die Stimme am anderen Ende des Telefons teilt Ihnen mit: *„Es tut mir leid, unser Anwalt macht kein Arbeitsrecht, wir machen nur Familienrecht!"* Stellen Sie sich dann auch die Frage, warum Familienrecht um so viel minderwertiger sein soll als Scheidungsrecht? Oder beenden Sie ein Beratungsgespräch mit dem Satz „Das ist nur ein Vorschlag von mir". Kaum ein Auftraggeber wird auf diesen Vorschlag eingehen. Strahlen Sie mehr Selbstbewusstsein aus, indem Sie abschließend sagen: „Das ist mein Vorschlag dazu."

Auch Konjunktive drücken Unsicherheit aus oder wirken unverbindlich und werden vom Gesprächspartner auch so bewertet. Bleien Sie verbindlich, sprechen Sie Klartext.

Beispiele mit Alternativen

☹	☺
„Wir würden uns freuen, wenn ..."	„Wir freuen uns, wenn ..."
„Wären Sie damit einverstanden, wenn ..."	„Sind Sie damit einverstanden, wenn ..."
„Dürfte ich Sie diesbezüglich morgen wieder anrufen?"	„Darf ich diesbezüglich morgen wieder anrufen!"
„Hätten Sie ein ... zur Verfügung?"	„Haben Sie für mich ein ...?"
„Wir hätten für Sie ..."	„Wir haben für Sie ..."
„Sie bräuchten nur noch hier zu unterschreiben!"	„Wenn Sie bitte hier noch unterzeichnen!"
„Ich bin nur die Auszubildende."	Entfällt, der Gesprächspartner möchte nicht wissen, was Sie sind oder nicht sind. Er wünscht eine schnelle Hilfe.
„Eventuell kann ich Ihnen noch eine Alternative anbieten."	„Als Alternative kann ich Ihnen Folgendes anbieten: ..."

Probleme und Schwierigkeiten

Allzu beliebt im geschäftlichen Kontakt sind Formulierungen wie „kein Problem" oder „ohne Schwierigkeiten". Gut gemeint, aber ungeschickt in der Wortwahl! Das Wort „Problem" ist negativ behaftet, denn mit „Problem" verbindet niemand gute Erfahrungen. Wo von Schwierigkeiten die Rede ist – selbst wenn verneint – werden diese dennoch suggeriert. Es bedarf nur einer kleinen Umformulierung und schon klingt die Aussage positiver. „Ganz einfach" ist besser als „kein Problem". „Ohne Schwierigkeiten" lässt sich ersetzen durch „selbstverständlich“. Oder statt davon zu sprechen, dass etwas „ein Problem sein kann“, „nehmen wir die Herausforderung an“.

Beispiele:

☹	☺
„Sie, ich habe da so ein Problem“, „Folgendes Problem“	„Folgende Situation“, „Ich habe ein Anliegen“, „Ich benötige Ihre Unterstützung“
„Kein Problem“	„Geht in Ordnung“, „Mache ich gerne“
„Um welches Problem handelt es sich?“, „Gibt es Probleme?“	„Was kann ich für Sie tun?“

Begriffe mit unerwünschten Nebenwirkungen

Mit sogenannten Reizwörtern versuchen psychologisch versierte Texter in der Werbung die Kunden positiv zu stimmen und Begehrlichkeiten zu wecken. „Schönheit“, „Glück“, „Eleganz“, „Reichtum“, „Harmonie“, „Gesundheit“ werden mit dem Produkt verknüpft und sollen so zum Kauf motivieren. Allerdings hat dieser manipulative Gebrauch der Sprache seine Tücken, denn die emotionale Bedeutung von Wörtern ist individuell sehr unterschiedlich, abhängig von Erfahrungen, Prägungen und Kulturzugehörigkeit. Fragen Sie zum Beispiel zwei Menschen nach ihrer Assoziation zu „Messer“, so wird der eine vermutlich Wörter wie „Gabel“ und „Essen“ nennen, während der andere sich als fleißiger Leser von Kriminalromanen entpuppt und „Mord, Polizei, Blut, Tatort ...“ mit „Messer“ verbindet. Selbst ein scheinbar so sachlich klarer Begriff wie „Steuer“ spricht beim Normalbürger eine vollkommen andere Gefühlswelt an als dies bei einem Steuerberater der Fall ist.

Doch zurück zu Beispielen aus unserer Kunden-Umgangssprache. Haben Sie einmal begonnen, sich darauf zu konzentrieren, negativ wirkende Wörter durch positive zu ersetzen, werden Sie schnell feststellen, um wie viel positiver auch die Reaktion bei Ihrem Gesprächspartner ist.

Beispiele aus der Praxis:

☹	☺
„**Ausschlaggebend** ist, …"	„**Entscheidend** ist, …"
„Hinzu kommt noch **ein anderer** Aspekt"	„Interessant dabei ist auch …"
„Gibt es noch irgendwelche **Beanstandungen**?"	„Ist alles in Ordnung?"
„Dabei haben Sie **außer Acht** gelassen, …"	„Beachten Sie bitte dabei, …"
„Ich **werde** mich darum **kümmern**, …"	„Ich veranlasse, …"
„Verstehen Sie mich bitte **nicht falsch.**"	„Verstehen Sie mich bitte richtig."
„In dem Protokoll **fehlt** …"	„Bitte fügen Sie in das Protokoll … mit ein."
„Um **kein Risiko** einzugehen, …"	„Sicherheitshalber …" oder „Um sicher zu gehen"
„Darf ich einen Moment stören?"	„Haben Sie einen Moment Zeit?"
„Es ist **unumgänglich**, dass …"	„Es ist erforderlich, dass …"
„Jetzt werden Sie **unsachlich**!"	„Bleiben Sie bitte sachlich."
„Sollten noch **Unklarheiten** bestehen, so …"	„Falls Sie noch Fragen haben, so …"

Die lösungsorientierte Kommunikation

Formulieren Sie einen negativen Ist-Zustand in einen positiven Soll-Zustand um! Wir Deutschen sind bekanntlich Weltmeister im negativen Kommunizieren. Wir sagen alles, was nicht geht, was wir nicht wissen und nicht können. Wer wirklich kundenorientiert denkt, wird sich darauf konzentrieren zu sagen, wie es geht, wie etwas in Erfahrung gebracht wird, wie sich etwas bewerkstelligen lässt. Als kundenorientierte Dienstleister bieten Sie Ihre kompetente und schnelle Hilfe an.

Die Information *„Herr Sommer ist nicht da!"* ist für niemanden dienlich. Ganz im Gegenteil, sie wirkt zudem zusätzlich negativ verstärkend. *„Jedes Mal wenn ich anrufe, ist Herr Sommer nicht da!"* Es bleibt der Eindruck, dass Herr Sommer nie zu erreichen ist.

Eine Faustregel lautet: Geben Sie so wenig Information nach außen wie möglich. Damit reduzieren Sie die Angriffspunkte. Wenn Sie zum Beispiel sagen: *„Herr Sommer ist in einer Besprechung"*, könnte ein ungeduldiger Anrufer antworten: *„Jedes Mal wenn ich anrufe, ist der in einer Besprechung. Ich möchte doch nur wissen, was es da so viel zu besprechen gibt!"*

Lösung

Frei von möglichen Angriffspunkten ist, wenn Sie zum Beispiel sagen: *„Herr Sommer ist gegen 13.00 Uhr wieder im Büro (im Hause, in der Kanzlei, ...)"*, oder: *„Wir erwarten Frau Kurz gegen 13.00 Uhr zurück!"*

Am besten geben Sie noch eine Auswahlmöglichkeit durch eine Alternativ-Frage, zum Beispiel: *„Möchten Sie noch einmal anrufen oder darf Herr Sommer Sie zurückrufen?"* oder *„Darf ich etwas für Sie tun oder möchten Sie noch einmal anrufen?"*

Achtung: Machen Sie keine Pause nach der Frage. Wenn Sie nach dem ersten Satz *„Herr Sommer ist gegen 15.00 Uhr wieder im Büro"* Luft holen, kann es Ihnen passieren, dass Stammkunden Sie fragen: *„Wieso, wo steckt er denn schon wieder!"*

Nach diesem Modell können Sie alle Anfragen beantworten, in denen es nicht möglich ist, den Anrufer zum gewünschten Mitarbeiter sofort durchzustellen – egal ob dieser in einer Besprechung, im Urlaub, gerade am Telefon, beim Mittagessen oder außer Haus ist.

Geben Sie den Missverständnissen keine Chance

Vermeiden Sie „Kommunikationsnebel"! Machen Sie konkrete Angaben und Zusagen.

Haben Sie auch Kunden, denen Sie ständig hinterherlaufen müssen? Mandanten, die zum Beispiel die Umsatzsteuervoranmeldung am Zehnten des Monats gegen 16.00 Uhr mit einer Selbstverständlichkeit bei Ihnen abgeben und absolut nicht nachvollziehen können, dass Sie jetzt ins Schwitzen geraten? Leider gibt es schweißtreibende Mandanten. Mit einer veränderten Kommunikation lässt sich ihre Zahl in der Regel reduzieren.

„Bitte bringen Sie uns Ihre Buchhaltung rechtzeitig!" ist eine recht vage Aussage. Als rechtzeitig könnte Ihr Mandant auch den Zehnten des Monats, 5 Minuten vor 24.00 Uhr verstehen.

Machen Sie stattdessen eine klare Zeitaussage: „Damit wir Ihre Buchhaltung termingerecht fertigstellen können, bitte ich Sie, Ihre Unterlagen spätestens bis zum Fünften des jeweiligen Folgemonats bei uns einzureichen." Erst jetzt hat Ihr Mandant eine eindeutige Vorstellung, was für Sie „termingerecht" ist – und Sie damit eine echte Chance, dass er sich an den Termin hält.

Sicher, es gibt auch unbelehrbare Mandanten. Hierzu ein wirkungsvoller Tipp: Weisen Sie darauf hin, dass unnötige Versäumniszuschläge auf ihn zukommen könnten, was Sie auf jeden Fall vermeiden möchten.

Werden Sie konkret

Gehen Sie beim Thema Zuverlässigkeit unbedingt mit gutem Beispiel voran. Wenn Ihre Kunden etwas von Ihnen brauchen, speisen Sie sie nicht mit vagen Auskünften ab wie „ich rufe Sie **dann/gleich/sofort/später/demnächst** zurück". Nennen Sie einen verbindlichen Termin, dann kommt es erst gar nicht zu Missverständnissen und gar zu daraus resultierenden Spannungen. Statt „dann/gleich/sofort/später/demnächst" sagen Sie zum Beispiel:

*„Ich rufe Sie innerhalb der **nächsten Stunde** zurück."*

*„Ich melde mich **gegen 15.00** Uhr bei Ihnen."*

*„Ich kümmere mich sofort und gebe Ihnen **morgen zwischen 9.00 und 11.00 Uhr** Bescheid."*

Achtung

Wenn Sie sich in der Zeit verschätzt haben, da die Aufgabe länger dauert als erwartet und vereinbart, denken Sie daran, Ihrem Kunden einen Zwischenbescheid zu geben. Damit mindern Sie nicht im geringsten Ihre Zuverlässigkeit – im Gegenteil, Sie steigern sie sogar.

Der Zeitpuffer

Verschaffen Sie sich unbedingt einen Zeitpuffer! Sie wissen zwar, dass Sie für eine Tätigkeit nur fünf Minuten benötigen, kündigen dem Kunden dennoch Ihren Rückruf nicht in fünf Minuten, sondern innerhalb der nächsten Stunde an. Warum? Wie oft kommt Unvorhergesehenes dazwischen, Störungen durch das Telefon, dringende Erledigungen für den Chef, Fragen von Kollegen oder unangemeldete Kunden, sodass Sie die zugesagten fünf Minuten nicht einhalten können. Können Sie sich tatsächlich nach nur fünf

Minuten bereits zurückmelden, dann ist die Freude über Ihren schnellen und prompten Rückruf bei Ihrem Kunden besonders groß – Sie überraschen ihn. Positive Kundenreaktionen wie „Das ging aber schnell!" sind da keine Seltenheit.

Wenn Sie dann noch antworten „Ja, so sind wir halt" oder „Ja, wir sind von der schnellen Truppe", haben Sie nicht nur Ihr Image aufpoliert, sondern einen zufriedenen und treuen Kunden mehr, der sich positiv an Sie erinnern wird – vorausgesetzt Ihre Zuverlässigkeit ist keine Ausnahme und alle anderen Faktoren stimmen.

Checkliste

Positive Sprache entsteht vor allem, indem Sie negativ behaftete Wörter und Formulierungen durch positive ersetzen.

Positive Kommunikation beinhaltet darüber hinaus, dass Sie lösungsorientiert Gespräche führen, indem Sie davon sprechen, was Sie tun können. Es nützt Ihrem Kunden nichts, wenn Sie ihm sagen, was nicht geht. Damit schaden Sie nur der Gesprächsatmosphäre und letztlich sich selbst.

Analysieren Sie Ihr Verhalten und Ihre Aussagen unter dem Gesichtspunkt, die Grundregeln für positive Kommunikation zu beherzigen und anzuwenden:

- Vermeiden Sie Verneinungen. Versuchen Sie stattdessen, sich positiv auszudrücken.
- Sagen Sie nicht, was nicht geht, sondern bieten Sie konkrete Lösungen an. Sagen Sie, was Sie für Ihren Kunden tun können.
- Streichen Sie negativ behaftete Wörter wie „müssen", „nicht", „kein", „aber", „Problem", „nur" möglichst ganz aus Ihrem Wortschatz.
- Halten Sie sich unbedingt an Zusagen, die Sie gemacht haben. Vergessen Sie ggf. nicht den Zwischenbescheid, wenn Sie im begründeten Einzelfall Ihre Zusage nicht einhalten können.
- Verschaffen Sie sich bei Terminzusagen immer einen angemessenen Zeitpuffer. Es ist weitaus klüger, Ihren Kunden mit der vorzeitigen Erledigung positiv zu überraschen als in Zeitverzug zu geraten.

2.6 Die Kunst des Fragens

Kundenerwartungen gerecht zu werden bedeutet, zunächst herauszufinden, was der Kunde wirklich will, also über gezieltes Fragen Informationen zu erhalten. Setzen Sie überlegte Fragen als Motor für ein Gespräch ein und steuern Sie das Gespräch über gezielte Fragen.

Übung

Prüfen Sie selbst, wie leistungsstark Ihr Fragen-„Motor“ ist und wie geschickt Sie mit gezielten Fragen die Gesprächs-„Steuerung“ übernehmen, um die für die weitere Kundenberatung wichtigen Informationen zu erhalten.

Wie entscheidend dabei Ihre Frageformulierung ist, möchte ich Ihnen in diesem Kapitel über die „Kunst des Fragens“ aufzeigen.

Die vier wichtigsten Frageformen

Offene Fragen sind die „W-Fragen“ (wer, wo, wann, wie, warum, weshalb, wodurch). Die W-Fragen liefern Ihnen Informationen, dienen der guten Gesprächsatmosphäre und lassen eine ganze Kette von Antworten zu. Ihr Gesprächspartner kann sich „warm“ reden. Offene Fragen liefern neben den primär erfragten Auskünften wertvolle Zusatzinformationen über die Wünsche und Anliegen Ihres Gesprächspartners. Offene Fragen regen Ihren Kunden zudem zum Nachdenken an, es können neue Gedanken entwickelt, bisher vielleicht nur vage Vorstellungen konkretisiert werden. Lassen Sie deshalb Ihren Gesprächspartner ausreden und hören Sie gut zu.

Offene Fragen können folgendermaßen lauten:

- *„Was ist Ihnen besonders wichtig?“*
- *„Gibt es Aspekte, die wir besonders berücksichtigen sollten?“*
- *„Welches Budget haben Sie eingeplant?“*

- *„Was genau ist denn vorgefallen?"*
- *„Worauf legen Sie besonderen Wert?"*
- *„Wo sehen Sie noch Bedarf?"*
- *„Wie können wir vorerst verbleiben?"*
- *„Was ist Ihnen noch aufgefallen?"*
- *„Was können wir für Sie darüber hinaus tun?"*
- *„Wie beurteilen Sie die Situation?"*
- *„Was bedeutet XY?"*
- *„Woraus schließen Sie das?"*
- *„Abgesehen von der Schwierigkeit mit ..., was halten Sie denn grundsätzlich von ...?"*
- *„Wie würde sich die Abwesenheit von Herrn Burow auf das Verfahren auswirken?"*

Im Gegensatz zu den „offenen" Fragen können Sie auf **geschlossene Fragen** meist nur mit „Ja" oder „Nein" antworten. Geschlossene Fragen sind dann angebracht, wenn Sachverhalte präzise geklärt werden sollen.

Vorsicht bei einer Fülle „geschlossener" Fragen hintereinander! Es entsteht sehr leicht der Eindruck eines Verhörs, wodurch das Gespräch im weiteren Verlauf gestört werden kann.

Geschlossene Fragen sind jedoch ein hervorragendes Instrument, um „Dauerredner" zu bändigen. Eine knappe Antwort bremst meist jeden Redefluss.

Beispiele:
- *„Haben Sie meine Nachricht erhalten?"*
- *„Sind Sie damit einverstanden?"*
- *„Sind Sie heute gegen 14.00 Uhr telefonisch zu erreichen?"*
- *„Ist das für Sie so in Ordnung?"*
- *„Möchten Sie, dass ich Ihnen dieses Detail noch näher erläutere?"*

- *„Interessieren Sie sich auch für …?“*
- *„Planen Sie in nächster Zeit etwas Besonderes?“*
- *„Haben wir an alles gedacht?“*

Fallbeispiel

Eine nette Geschichte zum Thema Fragetechnik: Ein Amtsrichter behauptete stets, man könne alle Fragen eindeutig mit „Ja“ oder „Nein“ beantworten. Als der Angeklagte ihn daraufhin fragte, ob er dem Richter eine Frage stellen dürfte, antwortete dieser getreu seinem Grundsatz klar und deutlich mit „Ja“. Die Frage des Angeklagten lautete: „Herr Amtsgerichtsrat, schlagen Sie Ihre Gattin immer noch so rücksichtslos?“ Der Richter soll seine Behauptung nie mehr wiederholt haben.

Die **Alternativ-Frage** lässt Ihnen die Wahl zwischen zwei Möglichkeiten. Menschen wählen gerne. Deshalb werden Alternativfragen erfolgreich bei Terminvereinbarungen eingesetzt. Die Chance, dass Ihr Gegenüber sich für einen der beiden Termine entscheidet, ist hier weitaus größer, als wenn Sie mit einer offenen Frage *(„Welcher Termin sagt Ihnen zu?“)* Gefahr laufen, genau den Termin zu hören, der Ihnen ganz und gar nicht zusagt. Ebenso schwierig kann eine Terminvereinbarung über geschlossene Frage sein *(„Sagt Ihnen der Termin am … um … Uhr zu?“)*, weil Ihr Gesprächspartner möglicherweise auf jeden Vorschlag mit „Nein“ antwortet.

Beispiele:

- *„Darf Herr Klausen Sie zurückrufen oder möchten Sie lieber noch einmal anrufen?“*
- *„Benötigen Sie das Schreiben sofort oder reicht es Ihnen noch nächste Woche?“*
- *„Können Sie heute noch bis 15.00 Uhr bei uns vorbeikommen oder passt es Ihnen morgen Vormittag besser?“*

- *„Möchten Sie ihre Unterlagen abholen oder sollen wir Ihnen diese per Post senden?“*
- *„Ist Ihnen die KW 3 oder 4 lieber, Herr Klausen?“*
- *„Möchten Sie bar oder mit Kreditkarte bezahlen?“*

Eine **Suggestiv-Frage** ist eine rein manipulierende Frageform. Es handelt sich hier meistens um eine geschlossene Frage, mit der Sie Ihre Meinung dem Kunden aufzwingen. Der Gesprächspartner wird bewusst in eine ganz bestimmte Richtung gelenkt. Die Antwort wird ihm somit vorgegeben. Vor der Technik der Suggestiv-Frage möchte ich ausdrücklich warnen. Sie wollen Ihren Gesprächspartner von Ihrer Arbeit überzeugen, nicht überreden oder gar überrumpeln. Wenn Sie an dauerhaft guten Kundenbeziehungen interessiert sind, dann vermeiden Sie Suggestivfragen und bevorzugen Sie die „offene“ Frageform.

Beispiele für Suggestiv-Fragen (bitte möglichst niemals verwenden)
- *„Sie werden doch dagegen stimmen, oder?“*
- *„Sie sind doch auch der Meinung, dass ...?“*
- *„Sie sind doch mit unserer Arbeit zufrieden?*
- *„Sie wollen doch auch ...?“*
- *„Sie stimmen mir doch zu, dass ...?“*
- *„Sie als Fachmann werden mir doch Recht geben, dass ... “*
- *„Sie sind doch auch am Umweltschutz interessiert?“*

Noch vor circa zehn Jahren wurde den Beraterprofis die Suggestiv-Frageform eingetrichtert, um möglichst viele Vertragsabschlüsse zu tätigen. Das gelang auch tatsächlich. Doch dann folgte eine Flut von Stornierungen. Die Technik der Suggestivfrage war geradezu verpönt. Anscheinend ist mittlerweile genug Zeit vergangen, um sich an die negativen Folgen von Vertragsabschlüssen aufgrund von Suggestiv-Fragetechniken nicht mehr zu erinnern, denn es gibt wieder mehr Unternehmen, die ihre Verkäufer zum Einsatz dieser Fragetechnik anhalten.

Setzen Sie auf Kundenpartnerschaft, auf gegenseitiges Vertrauen, auf dauerhafte Kundenbeziehungen und vermeiden Sie Suggestiv-Fragen. Dieser Manipulationsversuch hinterlässt immer einen negativen Beigeschmack – sofort oder später.

SOS: Wenn der Gesprächspartner Ihren Fragen ausweicht

Es ist nicht ungewöhnlich, dass auf eine Frage keine Antwort folgt. Fragen Sie Ihren Kunden beispielsweise nach seinem bisherigen Informationsstand und er erzählt Ihnen von seinem spannenden Wochenende beim Skifahren, kann das daran liegen, dass er unkonzentriert ist, es kann aber auch einen ganz anderen Grund haben. Wenn Sie jetzt nachbohren, wird er Ihnen vermutlich erst recht ausweichen. Warten Sie einfach ein wenig, stellen Sie Ihre Frage dann noch einmal. Begründen Sie, warum Ihnen die Antwort auf Ihre Frage wichtig ist, falls Ihr Gesprächspartner erneut ausweicht. Es kann ja durchaus sein, dass er negative Auswirkungen aufgrund seiner Antwort befürchtet. Erklären Sie ihm, dass sich nur dann eine Lösung für die anstehende Aufgabe finden lässt, wenn Sie über die Sachlage detailliert informiert sind.

Die Anti-Stress-Frage

Es ist eine höchst brisante Situation, wenn Sie bei Ihrem Kunden etwas Negatives über sein Verhalten oder ein Versäumnis hervorbringen müssen. Statt einer Gesprächseröffnung wie *„Sie, ich habe da so ein Problem!“*, *„Das kann es doch nicht sein, dass ...!“* oder *„Ich möchte mich bei Ihnen beschweren!“* versuchen Sie es beispielsweise mit: *„Ich habe ein Anliegen, können Sie mir helfen?“* Sie nehmen die Brisanz und den Stress aus der Angelegenheit, entspannen die Atmosphäre. Einzig wichtig ist, dass Sie zu einem guten Ergebnis kommen. Es steht Ihnen nicht zu, Moral zu predigen.

Ganz abgesehen davon, dass Sie sich selbst und Ihrem Dienstleistungsauftrag schaden. Klären Sie in sachlicher und freundlicher Form die Situation. Gründlich überlegte Fragen in schwierigen Sachlagen sind besonders wichtig.

Grundsätze der Fragestellung:

1. Überlegen Sie sich vorher, was Sie mit Ihrer Frage erreichen wollen.
2. Stellen Sie immer nur eine Frage.
3. Formulieren Sie Ihre Fragen kurz, präzise und leicht verständlich.
4. Lassen Sie nie den Eindruck eines Verhörs oder einer Abfrage entstehen.
5. Vermeiden Sie Überheblichkeit oder Besserwisserei.
6. Verzichten Sie in Ihren Fragen auf Wertungen oder Vorwürfe.
7. Lassen Sie Ihren Kunden genügend Zeit zum Nachdenken.

Klug zu fragen kann man üben

Zielorientiertes Fragen bedarf einer gewissen Übung. Zu diesem Zweck finden Sie nachfolgend ein kleines Trainingsprogramm. Gehen Sie in folgenden drei Schritten vor:

1. Machen Sie sich die Mühe und arbeiten Sie einen Katalog aus, der Ihre eigenen Fragen enthält, die Sie bis jetzt in Ihren Gesprächen bereits verwendet haben. Im Anschluss daran erweitern Sie diesen Katalog nach und nach um neue Fragen. Gewöhnen Sie sich auch an, den Katalog zur Hand zu nehmen, wenn Sie mit einem Mandanten telefonieren. Die Aufzeichnungen können eine wertvolle Hilfestellung sein.
2. Betreiben Sie Fragespiele, wo immer es Ihnen möglich ist (im Berufsalltag mit Kollegen oder im privaten Bereich). Damit testen Sie, wie das Gefragte bei Ihrem Gesprächspartner ankommt.
3. Beobachten Sie Ihre Kollegen, wie diese durch geschicktes Fragen die Gesprächsführung übernehmen. Beobachten Sie auch die Reaktion des Mandanten und analysieren Sie die Wirkung. Das verschafft Ihnen eine

tiefere Einsicht in die Fragetechnik von offenen und geschlossenen Fragen.

Erkennen Sie in jedem Gespräch die Chance, durch Fragen mehr Informationen über Ihren Kunden und sein Anliegen zu bekommen. Mit gut gestellten Fragen kommen Sie diesem Ziel näher, vergessen Sie allerdings nicht, dass Sie mit jeder Frage auch die Verpflichtung eingehen, die folgende Antwort aufzugreifen. Keine noch so gute Frage ersetzt das anschließende Zuhören. Im Gegenteil – sie verpflichtet, auf die Antwort mit der sich daraus ergebenden Schlussfolgerung zu reagieren oder mit der nächsten guten Frage.

2.7 Aktives Zuhören

Es ist mir gleich, wie viel Du weißt, solange ich nicht weiß, wie viel Dir an mir liegt."
(Anonymer Zen-Meister)

Mein Mann und ich trafen uns mit Freunden zum Essen in einem renommierten Restaurant. Der Abend war anregend und nett, obwohl das Steak meines Mannes alles andere als zart war, sondern etwas zu zäh. Beim Bezahlen stellte der Kellner am Schluss die obligatorische Frage: „War alles in Ordnung?" Die Antwort meines Mannes „Ja, nur das Fleisch war etwas zu zäh" beantwortete der Kellner mit: „Danke, das freut mich!" Verdutzt ließ er uns damit am Tisch zurück, drehte sich um und ging. Es ist ein typischer, leider nicht seltener Fall des Nicht-Zuhörens nach einer routinemäßig gestellten Frage.

Das Wissen um den Kunden und dessen Bedürfnisse ist die neue Währung im Beziehungs-Zeitalter. Erfolgreich ist nur der, der seine Kunden wirklich kennt. Dafür ist es notwendig, dem Kunden zuzuhören. Meistens jedoch bemüht man sich bei der Kundenbetreuung viel mehr um eine gute Ansprache des Kunden als um gutes Zuhören – mit der Folge, dass der Kunde sich unverstanden fühlt. Selbst wenn altgediente Beraterprofis im Vorfeld schon mit dem Kopf nicken und glauben, genau zu wissen, was ihr Gegenüber sagen möchte, liegen sie leider mit ihren Vermutungen nicht immer richtig.

Verwechseln Sie zuhören nicht mit „den anderen reden lassen". Nicht um Hören im Sinne von sich akustisch berieseln lassen, sondern um aktives Zuhören geht es.

	Selbsteinschätzung: Wie gut können Sie zuhören?	**JA**	**NEIN**
1.	Fragen Sie nach, wenn Sie etwas nicht verstanden haben?	☐	☐
2.	Lassen Sie sich während eines Gesprächs nicht ablenken?	☐	☐
3.	Hören Sie gerne zu, weil Menschen Sie interessieren?	☐	☐
4.	Lassen Sie Ihren Gesprächspartner ausreden, ohne ihn zu unterbrechen?	☐	☐
5.	Halten Sie Blickkontakt und nicken Sie ab und zu als Zeichen, dass Sie zuhören?	☐	☐
6.	Überhören Sie in Gesprächen die Schwachstellen des anderen?	☐	☐
7.	Können Sie sich zurücknehmen und aktiv zuhören?	☐	☐
8.	Überdenken Sie das Gehörte und vermeiden Sie schnelle Gegenargumente?	☐	☐
9.	Konzentrieren Sie sich und lassen Sie Ihre Gedanken nicht spazieren gehen?	☐	☐
10.	Fassen Sie abschließend die wichtigen Aussagen zusammen?	☐	☐

Je häufiger Sie „JA" angekreuzt haben, ein umso besserer Zuhörer sind Sie. Schaffen Sie fünf „Jas" sind Sie gerade mal ein normaler Zuhörer. Streben Sie die zehn „Jas" an. Es lohnt sich.

Die vier Arten des Zuhörens

Eifriges Kopfnicken, wiederholte Beteuerungen „ich verstehe" ist nicht mehr als vorgetäuschtes Zuhören, das ausschließlich darauf zielt, möglichst schnell selbst zu Wort zu kommen. Die begleitende Körpersprache des heftigen Kopfnickens, offensives Sich-nach-vorne-Beugen und Lufteinholen sind das Startsignal für „Jetzt bin ich aber dran!". Dem **„Pseudo-Zuhörer"** geht es einzig darum, möglichst schnell selbst zu Wort zu kommen. Statt eines Dialogs finden eher zwei miteinander verzahnte Monologe statt.

Gespräche dieser Art könnte man sich eigentlich sparen, da sie keinem der Gesprächspartner wirklich etwas bringen.

Beispiel

A: „Nein, die Arbeit macht wirklich keinen Spaß mehr. Da setzt man sich für den Kunden ein, reißt sich die Beine für ihn aus und wenn es ums Bezahlen geht, wird er unverschämt und meckert nur noch rum."

B: „Oh ja, das kann ich mir gut vorstellen. Bin ich froh, dass ich nicht mehr in diesem Verein arbeite. Weißt du, bei uns ist das alles ganz anders ..."

Eine sehr einseitige, aber mitunter durchaus fruchtbare Art ist das **„aufnehmende Zuhören"**. Ein Gesprächspartner doziert über ein ihm sehr wichtiges Thema, während der andere dazu keine Beiträge leisten kann oder möchte und sich zurückhält. Dass er jedoch konzentriert zuhört, zeigt deutlich seine Körpersprache: er schaut dem Redenden aufmerksam in die Augen und lässt mit gelegentlichem leichten Kopfnicken erkennen, dass er der Argumentation folgt.

Ähnlich wie das „aufnehmende Zuhören" ist das **„umschreibende Zuhören"** eine eher einseitige Angelegenheit. Der Zuhörer fasst den Inhalt des Gehörten mit eigenen Worten zusammen. Das fördert das Gespräch und beugt Missverständnissen vor. Der Zuhörer beschränkt sich auf die inhaltliche Zusammenfassung, hält sich mit Wertungen und Fragen bewusst zurück, um sich ausschließlich auf die Aussagen des Gegenübers konzentrieren zu können.

Das „umschreibende Zuhören" erfreute sich im 13. Jahrhundert besonderer Beliebtheit. Bei den Scholastischen Disputationen der Studenten wurde nur demjenigen gestattet, einem Gesprächspartner zu antworten, der zuvor die Position des anderen Redners mit eigenen Worten korrekt wiedergegeben hatte. Diese „mittelalterliche Spielregel" eignet sich bis heute als wirkungsvolle Konzentrations- und Zuhör-Übung.

Das **„aktive Zuhören"** ist die Steigerung des umschreibenden Zuhörens. Es geht nicht nur darum zu hören, was das Gegenüber sagt, nicht nur die Worte aufzunehmen, sondern zu verstehen, was mit dem Gesagten gemeint ist, was zum Ausdruck gebracht werden soll. Der Zuhörer nimmt Probleme des anderen wahr, sieht die Welt durch die Brille des Gesprächspartners. Der Zuhörer befasst sich mit dem Standpunkt seines Gesprächspartners, den er nicht unbedingt teilt, aber respektiert. Wer seinem Kunden aktiv zuhören kann, wird ihn verstehen und damit die beste Voraussetzung für eine Vertrauensbasis schaffen.

Gründe für schlechtes Zuhören

Zuhören zu können ist nur scheinbar leicht, tatsächlich jedoch eine hohe Kunst, was jeder weiß, der es mit dem konzentrierten Zuhören wirklich ernst meint. Immer verführen Stolperfallen zum Abschalten, zum Beispiel wenn man meint, das was man hört doch schon zu wissen, wenn man unter Zeitdruck steht oder gesundheitlich angeschlagen ist. Und wenn man jemanden nicht sonderlich mag, ist die Gefahr des inneren Abschaltens besonders groß.

Auch unser Gehirn erschwert uns das gute Zuhören-Können, weil es mit dem Nur-Zuhören nicht ausgelastet ist. Bei normaler Sprechgeschwindigkeit unseres Gesprächspartners erhält unser Gehirn maximal 200 Wörter pro Minute als Denk-„Futter", womit es nur zu circa 50 Prozent ausgelastet ist. Die noch freie Kapazität der restlichen 50 Prozent entwickelt eine gewisse Eigendynamik. Das Gehirn geht seine eigenen Wege, bildet eine eigene Meinung, plant die nächste Antwort oder schweift so weit ab, bis es sich mit etwas ganz anderem beschäftigt. Schließlich wird für die eigenen Gedanken weit mehr Kapazität als die freien 50 Prozent beansprucht, die 50 Prozent Zuhör-Kapazität wird „beliehen" und im Extremfall ganz in Anspruch genommen. Die Aufmerksamkeit für das Gespräch ist dahin, was wir erst dann merken, wenn unser Gesprächspartner endet und uns erwartungsvoll anblickt.

Fähigkeiten, die gutes Zuhören ermöglichen

Der griechische Philosoph Epiklet sagte: *„Gott hat uns zwei Ohren gegeben, aber nur einen Mund, damit wir doppelt soviel hören wie sprechen."*

Zu wissen und danach zu handeln, dass es nicht erstrebenswert ist, zu viel zu reden, ist Voraussetzung, um ein guter Zuhörer und damit ein geschätzter Gesprächspartner zu sein. Unabhängig davon, dass Sie die Technik des guten Zuhörens trainieren können (– die Übung am Ende des Kapitels hilft Ihnen dabei –) ist gutes Zuhören vor allem eine Lebenseinstellung. Wer diese Lebenseinstellung hat, lässt nicht nur die eigene Meinung gelten, sondern toleriert andere Auffassungen, ja interessiert sich für die Sichtweise anderer.

Wer wirklich interessiert zuhört, hat es leichter, gute, weiterführende Fragen zu stellen, weil echtes Interesse zur richtigen Fragestellung führt: *„Was bedeutet es für Sie?"*/*„Warum haben Sie sich so entschieden?"* – Auf treffende Fragen folgen verwertbare Antworten mit Hintergrundinformation für eine optimierte Beratung, kurzum eine bessere Dienstleistung. Da dem aktiven Zuhören immer noch zu wenig Bedeutung beigemessen wird, ist dies Ihre Chance, sich von dem Durchschnitt positiv abzuheben. Ihre Kunden werden es schätzen, ja als Wohltat empfinden, wenn sie merken, dass Sie Ihnen wirklich ernsthaft zuhören. Sie zeigen dem Kunden, wie wichtig er Ihnen ist, dass Sie sich ganz auf sein Anliegen und auf ihn als Mensch konzentrieren.

Übrigens ist ein positiver Nebeneffekt des aktiven Zuhörens, dass es ansteckend wirkt. Ihr Kunde wird auch Ihnen besser zuhören und damit seinen Teil zu einem besseren Gespräch beitragen.

Drei Tipps, wie Sie im Alltag Botschaften aufnehmen können

1. Zeigen Sie Interesse

Kunden merken sehr schnell, ob Sie sich für sie und ihr Anliegen wirklich interessieren. Je intensiver in einem Unternehmen alle Mitarbeiter diesen Geist des „unsere Kunden interessieren uns“ leben, desto erfolgreicher wird das Unternehmen sein.

2. Hören Sie mit dem Herzen

„Beim Zuhören bekommen die Ohren Augen.“ Diese chinesische Weisheit drückt es treffend aus – wer wirklich hört, kann das Erzählte vor seinem inneren Auge sehen. Kinder können das vortrefflich. Erwachsene haben es manchmal verlernt, aber es lohnt sich, diese Gabe zu reaktivieren.

Wenn Ihr Lebenspartner, Ihre Kinder oder Ihnen nahestehende Menschen Ihnen etwas erzählen, werden Sie das Gehörte nachfühlen. Bringen Sie auch für Ihren Kunden dieses Mitempfinden auf. Er wird es spüren, sich verstanden und bei Ihnen gut aufgehoben fühlen.

Doch Achtung: Nicht „viel hilft viel“ praktizieren und nicht übertreiben. Wahren Sie bei allem Verständnis die gebotene Distanz. Verwechseln Sie „mit dem Kunden empfinden“ nicht mit emotionaler Aufdringlichkeit.

Drei Tipps, wie Sie im Alltag Botschaften aufnehmen können (Fortsetzung)

3. Halten Sie die Ohren offen

Wie Sie aus der Informations- und Datenflut, die täglich auf Sie einströmt, das wirklich Wichtige herausfiltern und bewusst aufnehmen, so halten Sie auch die Ohren offen für die versteckten Botschaften Ihrer Kunden. Sie müssen dafür nicht plump und bohrend nachfragen, sondern überlegt und mit Fingerspitzengefühl.

Testen und trainieren Sie Ihre Zuhörkünste

Übung 1:

Wissen Sie abends, eine Stunde nach der Tagesschau noch, worüber in der Tagesschau berichtet wurde – mal abgesehen von ein oder zwei Meldungen, die Sie persönlich interessieren?

Filtern Sie aus allem Gesehenen und Gehörten einmal die essenziellen Meldungen heraus und merken Sie sich diese, egal, ob sie von persönlichem Interesse für Sie sind oder nicht.

Übung 2:

Um Zugang zum aktiven Zuhören zu finden, stellen Sie sich bei den folgenden Beispielen die nachstehenden Fragen:

„Was fühlt mein Gesprächspartner?"

„Was ist wichtig für ihn von dem, was er gerade sagt?"

„Warum beschäftigt ihn das so sehr?"

„Aus welchem Interesse heraus handelt er?"

„Was ist sein Ziel?"

„Wie fühlt er sich?"

2.8 Die Kunst des Lobens

Jeder von uns hört gerne ein Lob, trotzdem gehen wir selbst höchst geizig damit um. Die berühmte schwäbische Direktive *„Net g'schimpft isch schon g'nug gelobt!"* ist nicht nur im süddeutschen Raum Alltag.

Hat sich schon jemals eine Sachbearbeiterin bei Ihnen bedankt, dass Sie Ihre Rechnung immer fristgerecht begleichen? Wurden Sie schon einmal dafür gelobt, dass Sie so gut wie nie von Ihrem 14-tägigen Rückgaberecht Gebrauch machen und darüber hinaus verständnisvoll reagieren, wenn sich die Lieferung verzögert?

Versäumen Sie jedoch einmal, bei einem Onlineshop Ihre Rechnung rechtzeitig zu begleichen, trifft umgehend die Mahnung ein.

Es ist eigentlich unverständlich, dass für Kunden, die nicht bezahlen, sehr viel Aufwand betrieben wird, dass jedoch Kunden, die sich richtig verhalten, keine besondere Aufmerksamkeit erfahren.

Und Sie? Sind Sie im Umgang mit Ihren Kunden nicht ebenso zurückhaltend? Ich meine, es ist durchaus ein paar außergewöhnliche Gedanken wert, wie man im Rahmen einer außergewöhnlichen Kundenbetreuung dem außergewöhnlich guten Kunden in außergewöhnlicher Weise Anerkennung zollen kann und damit sein Lob- und Kompliment-Verhalten zu überdenken!

Warum fällt es schwer, ein Lob auszusprechen?

Statt dem Kundenberater der Bank impulsiv zu sagen, wie gut verständlich er schwierige Vorgänge erläutert hat, erzählen wir es lieber begeistert der Freundin am Telefon oder dem Squashpartner nach dem Training. Warum erzählen Sie es nicht dem, der das Lob verdient hat, direkt und vor Ort?

Ist es das Wort „Lob“, das wie eine Barriere wirkt? Erwachsene sprechen Kindern gegenüber Lob aus, wenn diese etwas besonders gut erledigt haben. Der Hund wird von seinem Herrchen gelobt, wenn er artig „Sitz“ oder „Platz“ macht. Lob scheint mitunter als etwas Demütigendes empfunden zu werden, eine huldvolle Geste einer überlegenen Autorität an einen Weisungsempfänger. Wenn auch Sie diese Assoziationen zu „Lob“ haben, dann verwenden Sie einfach ein Synonym, zum Beispiel „Kompliment“ oder „Anerkennung“. Komplimente machen und Anerkennung geben können Sie problemlos – Ihren Kunden, Ihrem Chef und auch Ihren Kollegen. Es ist ein sympathischer und Freude weckender wie Freude bereitender Austausch auf Augenhöhe.

Warum Sie Komplimente machen sollten

Keinesfalls möchte ich dafür plädieren, Lob als Mittel für seine eigenen egoistischen Ziele einzusetzen. Vielmehr möchte ich die Vorteile aufzeigen, die daraus entstehen, wenn man ein Lob dann ausspricht, wann immer es angebracht ist, anstatt es zu unterdrücken.

- Mit Lob gestalten Sie die Beziehung zu einem Kunden/Kollegen persönlicher und festigen sie dadurch.
- Sie verbessern nicht nur die Stimmung desjenigen, den Sie loben, sondern auch Ihre eigene Stimmung.
- Sie motivieren mit einem Lob, positives Verhalten verstärkt einzusetzen.
- Sie heben das Selbstwertgefühl desjenigen, den sie loben.
- Sie erhöhen damit Ihren Sympathiefaktor, da derjenige, dem Sie ein Kompliment gemacht haben, mit Ihnen ein positives Gefühl assoziiert.
- Ihr Kunde behält Sie und Ihr Lob besser im Gedächtnis.

Wie Sie richtig loben

Einen Anlass für Anerkennung liefert Ihnen jeder, der sich ehrlich um etwas bemüht hat. Da es zu viel Lob nicht gibt, nehmen Sie jede Gelegenheit wahr, um Anerkennung und Lob auszusprechen. Das müssen keine großen

Lobreden sein. Ein anerkennender Blick, ein besonders herzliches *„Danke, mit diesen Informationen haben Sie mir sehr geholfen"* tun gut.

Sagen Sie Ihrem Chef doch einfach, dass durch seine gute Organisation die Arbeit niemals in unnötigem Stress ausartet.

Loben Sie Ihre Putzfrau, weil sie dafür sorgt, dass es zu Hause ordentlich und sauber ist, und Sie sich deshalb so wohlfühlen.

Halten Sie die Augen offen für Positives. Achten Sie besonders auf folgende Punkte:

- Loben Sie nur Leistungen oder Eigenschaften anderer, die Sie wirklich als gut und herausragend empfinden. Durchschnittliches zu loben, ist genau so wenig angebracht wie sich durch ein lobheischendes Verhalten zu einer halbherzigen Anerkennung hinreißen zu lassen. Lob verlangt Ehrlichkeit.
- Ein *„Das war super"* reicht nicht aus für ein Kompliment. Nennen Sie konkret den Anlass und loben Sie sofort, ohne Zeitverzögerung. Das monatliche Pauschal-Sammellob ist wirkungslos.
- Ein relativiertes Lob („Vielen Dank, Frau Sonderle, das war gute Arbeit, wenn man einmal von den Anfangsschwierigkeiten absieht.") ist gar kein Lob. Loben Sie deswegen grundsätzlich ohne Wenn und Aber.
- Machen Sie keine vergleichenden Komplimente, damit diskriminieren Sie Dritte und schüren störendes Konkurrenzverhalten. *(„Sie organisieren unsere Meetings viel besser als Frau Müller.")*
- Wenn Sie ein überschwänglicher Typ sind, können Sie, je nach Situation, dem zu Lobenden kurz anerkennend auf die Schulter klopfen, oft empfiehlt sich eher ein kräftiger Händedruck zusammen mit einem herzlichen Lächeln.

Für Ihren Kunden machen Sie ein Lob zu einem besonderen Erlebnis, wenn Sie es mit einem kleinen Extra verbinden. Das kann in einer E-Mail ein strahlender Smiley sein, ein Post-it mit einem persönlich geschriebenen *„Danke für Ihre Mühe und Ihr Verständnis"* an einem offiziellen Dankbrief, oder Sie laden einen Kunden spontan zu einer Tasse Kaffee ein, weil Sie sich so über sein Kommen freuen.

Komplimente lassen sich auch durch Handlungen ausdrücken. Sie empfehlen zum Beispiel Ihren Geschäftspartner weiter, wenn sich die Gelegenheit dazu bietet. Oder Sie fragen ihn um Rat, weil Sie gerade seine Sachkenntnis schätzen. Zeigen Sie Ihren Kunden Ihr Interesse über das aktuelle Geschäft hinaus, zum Beispiel indem Sie auch nach Erfüllung eines Vertrages nachfragen, ob das Produkt nach wie vor zuverlässig seinen Dienst tut.

Seien Sie offen für Komplimente

Wenn Sie täglich alles tun, um Ihren Kunden einen möglichst optimalen Service zu bieten, ist es durchaus manchmal frustrierend, wenn Sie nur ein Feedback von Kunden erhalten, die sich beschweren wollen.

Wer seinerseits positiv auf Kunden zugeht und mit Anerkennung nicht geizt, wird ebenso ein Kandidat für Komplimente werden. Lassen sie es zu, dass man Ihnen Anerkennung zollt. Wirken Sie ansprechbereit für ein freundliches Wort.

Positives lässt sich auch „herauskitzeln", wenn Sie zum Beispiel auf Ihrer Homepage positive Kundenstimmen veröffentlichen. Sie laden damit Trittbrettfahrer ein. Und warum nicht nach erfolgter Auftragsabwicklung eine E-Mail mit der freundlichen Bitte um ein Feedback. Denn *„feedback is breakfast for champions"* – und ein gutes Frühstück schmeckt jedem!

Wie nehme ich Lob entgegen?

„Heute sind Sie aber besonders chic, Frau Sonne. Das Kostüm steht Ihnen ganz besonders gut." – „Ach, das habe ich ja schon ewig!" Reagieren Sie auch so? Oder sagen Sie *„Danke, es freut mich, dass es Ihnen gefällt"?*

Es scheint gar nicht so leicht zu sein, Lob anzunehmen. Wiegeln Sie bescheiden ab, wenn Sie ein Kunde lobt? Sagen Sie, Sie hätten doch nur Ihre Pflicht getan? Wundern Sie sich dann nicht, wenn das nächste Lob ausbleibt. Es macht ja keine Freude, Sie zu loben. Es ist durchaus nicht uncool, auch einmal wie ein Honigkuchenpferd zu strahlen, wenn man gelobt wird. Freuen Sie sich einfach, das ist sympathisch. Erleben Sie, wie ein freudig entgegengenommenes Lob Sie zusätzlich motiviert.

Das beste Kompliment für Geleistetes ist ein sichtbar positives Ergebnis. Jeder Anwalt freut sich, wenn er bei einem schwierigen Prozess das Optimum für seinen Kunden herausgeholt hat. Wie jedoch erfährt der Architekt, ob seine Arbeit die Familie glücklich macht? Nach dem Einzug ins Haus ist in der Regel seine Arbeit getan. Also sollte er versuchen, in Kontakt zu bleiben, zu erfahren, ob seine Planung auch nach Jahren noch den Vorstellungen des Bauherren entspricht.

Als Trainerin freut es mich immer, wenn mich einige Zeit nach einem Kurs die eine oder andere E-Mail erreicht und ich erfahre, wie sich Erkenntnisse aus einer Schulung in der Praxis bewähren.

Wie wäre es mit Ihrem persönlichen Motivations-Bord? Schreiben Sie jedes Lob, das Sie erhalten, auf und heften es an diese Pinnwand. Wenn's mal nicht so läuft – ein Blick auf Ihr Motivations-Bord – und die Welt sieht wieder freundlicher aus.

3.

Schwierige Kunden, Situationen und Menschen

Auch wenn Sie manchmal den Eindruck haben: Niemand steht morgens auf, schaut in den Spiegel und sagt: *„Heute möchte ich meinen Kundenbetreuer einmal so richtig ärgern."*

Dennoch gibt es Kommunikationsprobleme mit Kunden, wie es sie seit Alters her unter Menschen gibt. So unterschiedlich die Bandbreite der menschlichen Charaktere ist, so unterschiedlich ist die unserer Kunden. Na und? Darin liegt doch gerade der Reiz, auch die schwieriger zu betreuenden Kunden zu gewinnen, den schüchternen wie den geradezu dreisten, den Non-Stop-Redner wie den stummen, den Nörgler wie den Feilscher. Aber wie gehen Sie das an?

Man nehme vor allem eine gesunde Portion Optimismus und die gesammelte persönlich erworbene Menschenkenntnis. Und beides kombiniert führt sehr schnell zur Erkenntnis, dass die wenigsten Kunden wirklich schwierig sind. Sie werden erst schwierig, wenn sie sich unverstanden und deshalb schlecht betreut fühlen. Also: Versuchen wir, unsere Kunden zu verstehen: Dazu ein Beispiel: Gerade konnten Sie einen Kunden für Ihre Rund-um-die-Uhr-Kundenbetreuung begeistern. Ihr Argument, dass er dadurch in Ihnen einen kompetenten, jederzeit ansprechbaren Berater hat, nicht von unpersönlichen Sprachcomputern abgefertigt wird, hat ihn überzeugt. Klar, dass Sie beim nächsten Kunden wieder zu Ihrer gerade erfolgreich eingesetzten argumentativen „Geheimwaffe" greifen. Doch diesmal wirkt das Rund-um-die-Uhr-Betreuung-Argument überhaupt nicht. Ihr Gegenüber nickt zwar, ist aber offensichtlich alles andere als überzeugt. Sie reden weiter und endlich, als Sie ihm erläutern, dass Ihr Rund-um-die-Uhr-Service Unterstützung auf technologisch höchstem Niveau darstellt, signalisiert seine Miene Interesse, gelingt es Ihnen auf der Schiene „modernes Dienstleistungs-Package" seine Zweifel zu beseitigen, ihn zu gewinnen. Der nächste Kunde wiederum spricht ausschließlich auf ein unschlagbares Preis-Leistungs-Verhältnis an.

Um einen Kunden schneller und leichter verstehen zu lernen hilft es, ein grobes Raster anzulegen, in das Sie Ihre Kunden einordnen. Die Einteilung fasst Kunden nach Charaktereigenschaften, Erwartungshaltung, Interessenlage und Wertvorstellungen in Gruppen zusammen. Nebenbei bemerkt hilft Ihnen ein solches Raster auch bei Ihrer strategischen Entscheidung, auf welche Zielgruppe sich Ihr Unternehmen konzentriert. Auf diesen zielgruppenspezifischen Kundentyp sollte Ihre Außenpräsentation abgestimmt sein.

Zu erkennen, mit wem Sie es hier zu tun haben, was Ihrem Gegenüber wichtig ist, was ihn interessiert, hilft, im persönlichen Kontakt und Gespräch schnell den richtigen Draht zum Kunden zu finden. Zu wissen, worauf es Ihrem Gesprächspartner ankommt, erleichtert die richtige Wortwahl, die überzeugende Argumentation. Wohlgemerkt: Es geht nicht darum, dem Kunden „nach dem Mund zu reden".

3.1 Die vier Kundentypen: Offen oder reserviert? Direkt oder indirekt?

Virginia Satir (siehe *www.wikepedia.org*), bekannt durch ihre Arbeit mit „Familienaufstellung" hat in den siebziger Jahren von vier Grundhaltungen gesprochen, wenn Menschen in Kontakt treten. Allessandra & O'Connor haben in den neunziger Jahren aus den Erkenntnissen von Satir eine konkretere und ausführlichere Systematik dieser vier Kundentypen aufgestellt. Bei diesen vier Kundentypen handelt es sich um den Beziehungstyp, den Unterhaltertyp, den Buchhalter und den Inspektor. Ich habe während meiner langjährigen Beratungstätigkeit festgestellt, dass diese Kategorisierung sich gut für die Kundenbetreuung auf dem Dienstleistungssektor eignet. Demzufolge habe ich nachfolgende Kundentypencharakterisierungen für die Dienstleistungsberufe, besonders jedoch für die freien Berufe, angepasst und modifiziert. Es soll Ihnen erleichtern, dem Kunden das für ihn maßgeschneiderte Angebot zusammenzustellen, das genau zu ihm und seinen Vorstellungen passt. Dieses Modell hat sich in den Trainings bewährt.

Das Modell basiert auf zwei gegensätzlichen Eigenschaftspaaren: offen versus reserviert und direkt versus indirekt. Dabei kombinieren die vier Kundentypen je zwei dieser Eigenschaften miteinander.

Abbildung 8: Kundentypen in Anlehnung an Tony Alessandra & Michael J. O'Connor

Kundentypen erkennen und betreuen

Der Beziehungstyp
Er ist ein bedingungsloser Idealist. Er tut selbst alles dafür, die Welt wenigstens ein kleines bisschen besser zu machen. Oft ist er in sozialen oder künstlerischen Berufen zu Hause. Er ist kontaktfreudig und legt viel Wert auf Harmonie. Seine liebenswürdige Art wird auch Sie ansprechen. Er tritt sehr zuvorkommend auf. Manchmal wirkt er fast schüchtern. Er ist in seinem äußeren Erscheinungsbild leger, seine Kleidung ist dezent.

Sie werden leicht mit dem Beziehungstyp ins Gespräch kommen, wenn Sie vor allem geduldig und aufmerksam sind. Wählen Sie ein geruhsames Sprechtempo, verbreiten Sie niemals Hektik. Lächeln Sie, sorgen Sie unbedingt für eine freundliche Atmosphäre. Smalltalk über seine privaten Interessen (Urlaub, Sport, Familiäres) ist durchaus erwünscht. Belästigen Sie ihn nicht mit komplizierten Berechnungen oder nüchternen Tabellen. Präsentieren Sie ihm lieber nur das Endergebnis und aussagekräftige Bilder. Der Beziehungstyp wird Ihnen erst dann einen Auftrag erteilen, wenn er ein wirklich gutes, sicheres Gefühl hat. Er muss sowohl vom Unternehmen, als auch von seinem Kundenbetreuer restlos überzeugt sein, und das kann schon eine Weile dauern. Schönheit und angenehmes Ambiente helfen ihm bei seiner Entscheidungsfindung. Muten Sie ihm nur keine Experimente zu, Sicherheit schreibt er groß. Deshalb scheut er auch Veränderungen. Pflegen Sie die Kundenbeziehung mit einem sehr persönlichen Service, kleinen Extras bei einem Kauf, einem handschriftlichen Weihnachtsgruß. Dieser Kunde bleibt Ihnen treu, wenn Sie ihn wie einen Freund behandeln. Der Preis, die neueste Technik oder kurze Lieferzeiten sind für ihn zweitrangig.

Der Unterhaltertyp

Sie erkennen ihn meist schon aus der Ferne. Er redet auch mit den Händen und macht ausladende Bewegungen. Seine Kleidung entspricht der neuesten Mode und ist möglichst auffällig und exzentrisch. Aufmerksamkeit ist für ihn so wichtig wie sein tägliches Brot. Er genießt das Bad in der Menge und will immer im Mittelpunkt stehen. Deswegen ergreifen Unterhalter gerne Berufe, die ihnen Aufmerksamkeit verschaffen: Schauspieler, Politiker oder Vertreter. Er wird schnell zum Störenfried, da er gerne unüberlegt das äußert, was ihm gerade durch den Kopf geht.

Lassen Sie den Unterhalter seine Geschichte erzählen und hören Sie ihm zu. Geben Sie ihm Feedback, ihm gefällt diese Anerkennung. Entscheidungen trifft dieser Kundentyp spontan, sobald er für etwas begeistert wurde. Für Billigaktionen werden Sie ihn nicht gewinnen, auch nicht für solides Handwerk oder Sicherheit. Ihm geht es um Prestige, deswegen entscheidet er sich für Markenware und Individuallösungen. Eine limitierte Ausführung, Sonderfarben und exklusives Beiwerk, das ist seine Welt. Mit Ihrer Aufmerksamkeit, die ihm das Gefühl gibt, der Star unter Ihren Kunden zu sein, werden Sie in ihm einen treuen Kunden gewinnen.

Der Buchhalter

Er kleidet sich konservativ, wenn nicht gar altmodisch. Er wirkt verschlossen, sucht nicht den direkten Blickkontakt zu seinem Gegenüber. Seine Stimme ist eher monoton. Der Buchhalter tritt kühl und schweigsam auf. Er ist sehr ordentlich und sucht klare Strukturen. Er denkt und handelt äußerst rational und zielorientiert – Zeit ist schließlich Geld. Deswegen klettern Buchhalter auf der Karriereleiter oft weit nach oben. In der Teppichbodenetage von Unternehmen ist er zu Hause.

Wenn Sie einen Buchhaltertyp vor sich haben – treten Sie formell auf. Lockere Sprüche sollten Sie in jedem Falle vermeiden. Auch für Smalltalk ist er nicht zu haben. Zwingen Sie ihn nicht zum direkten Blickkontakt. Das ist ihm unangenehm. Verzichten Sie auf belangloses Geplänkel am Anfang des Gesprächs, kommen Sie gleich zur Sache! Ihm geht es nur um Fakten, nicht um schmückendes Beiwerk. Sie überzeugen ihn mit aussagekräftigen Diagrammen und vergleichenden Testergebnissen. Das Gespräch sollte nicht länger dauern als notwendig. Das heißt nicht, dass sich der Typ „Buchhalter" nicht ausreichend Zeit nimmt, um die Fakten abzuwägen. Seine Entscheidung trifft er nach genauer Prüfung ohne langes Zaudern. Meist kommt er bereits mit einer klaren Vorstellung von dem, was er will, in das Gespräch. Er schätzt Produkte mit einem gewissen Understatement. Qualität ohne Prunk und Schnörkel sind für ihn wichtig. Sicherheit und Funktionalität sind für ihn überzeugende Kaufargumente. Er liebt unkomplizierten Service und kurze Dienstwege.

Der Inspektor

Er ist an seinem klassischen Kleidungsstil erkennbar. Er geht aufrecht, strahlt Kraft und Energie aus. Sein Auftreten ist streng und fordernd. Er möchte die Situation beherrschen. Er ist ein Macher – er agiert. In der Kommunikation kommt er schnell auf den Punkt, um den heißen Brei herumzureden, ist ihm zuwider. Der Inspektor liebt es zu recherchieren, den Dingen auf den Grund zu gehen. In einem wissenschaftlichen Beruf ist er zu Hause. Wenn Sie dem Inspektor in Ihrer Praxis begegnen: Machen Sie ihm konkrete Vorschläge, aber nehmen Sie ihm die Entscheidung nicht ab – bestimmen möchte er. Meist weiß er aufgrund genauer Recherchen sowieso schon bestens Bescheid: Preisvergleichende Seiten im Internet sind auf seinem Rechner gebookmarkt und die Zeitschrift von Stiftung Warentest kennt er auswendig. Es ist für ihn von minderer Bedeutung, ob er von Ihnen als Kundenbetreuer oder von Ihrem Unternehmen restlos überzeugt ist. Deswegen ist es auch nicht leicht, zum Typ des Inspektors eine Kundenbindung aufzubauen. Sein Entscheidungskriterium ist die exakt ihm genehme Auswahl und diese zum günstigsten Preis – egal von welchem Unternehmen. Sobald er sich gedrängt fühlt, erwacht sein Misstrauen. Er wird das Angebot noch einmal genauestens prüfen. Helfen Sie ihm bei seiner Entscheidungsfindung, indem Sie ihn ausreichend mit sachlichen Informationen versorgen, am besten stichpunktartig aufgelistet eindecken.

Übung

Um Ihre Einschätzung von Menschen für die Typisierung von Menschen zu trainieren und damit zu verbessern, versuchen Sie Freunde und Bekannte zu typisieren. Sie werden schnell ein sicheres Gespür entwickeln, und es wird Ihnen Spaß machen.

Auch mit Prominenten funktioniert diese Übung:

- Verona Pooth
- Boris Becker
- Stefan Raab
- Christiane Hörbiger
- Angela Merkel
- Edmund Stoiber

Die Übung lässt sich auch gut von einer anderen Warte her durchführen. Analysieren Sie, welche Werbung auf welche Kundentypen zugeschnitten ist.

- „Geiz ist Geil“ (Saturn)
- „Sie sind es sich wert“ (Loreal)
- „Folgen Sie Ihrem eigenen Stern“ (Mercedes)
- „Adel verpflichtet“ (After Eight)
- „Bei uns spielen Sie die erste Geige!“ (Bankhaus Krentschker)
- „Der Weg in die Sicherheit“ (Versicherungsbüro Pulz)
- „Führen im Service“ (Lufthansa)
- „Technik der Zukunft. Schon immer“ (Alfa Romeo)
- „Schöne Reise noch“ (Deutsche Bahn)

3.2 Schwierige Kunden meistern

Wie ausgeprägt die charakteristischen Eigenschaften bei den einzelnen Kundentypen sind, variiert individuell und in allen Abstufungen. Besondere Vorsicht ist dann geboten, wenn gewisse Eigenschaften ungewöhnlich umfangreich auftreten und uns als Besserwisser, Nörgler, Zweifler, Schweiger den Kundenumgang schwer machen. Besonders unangenehm und heikel im Umgang – nicht nur als Kunden – sind Menschen, die ausfallend und cholerisch werden. Egal was das nächste Kundengespräch bringen mag, betrachten Sie Extremfälle als Herausforderung, die Sie sportlich und freundlich meistern.

Sicher, wenn die Emotionen hochkochen und Kunden meinen, im Recht zu sein, wird es schwierig. Schließlich verfügt nicht jeder Berater über die Selbstkontrolle eines Zen-Meister. Andererseits kann es nicht sein, dass Sie als Unternehmer oder Mitarbeiter sich wie ein Fußabtreter behandelt fühlen.

Was also tun, wenn ein Kunde meint, er müsse dem Berater zeigen, was Sache ist? Die rettende Zauberformel, die nur auszusprechen ist und das Problem ist gelöst, gibt es leider nicht. Nutzen Sie konsequent Gesprächsführungstechniken und deren Regeln. Mit einiger Übung lässt es sich mit jedem noch so aufgebrachten Gesprächspartner auf einer vernünftigen Ebene unterhalten. Je erfolgreicher Sie dabei sind, desto leichter werden Sie dabei sogar Ihr Lächeln und Ihre gute Laune behalten.

Das Heft in der Hand behalten

Wenn es sich um „Dampfplauderer" handelt, so versuchen Sie die Gesprächsführung zu übernehmen und auch nicht wieder aus der Hand zu geben. Die sogenannte **Feedback-Technik** leistet Ihnen dabei wertvolle Hilfe. Entscheidend ist, dass Sie Aussagen Ihres Gegenübers, die das eigentliche, für

Sie wichtige Thema betreffen, sofort aufgreifen. Über Unwichtiges gehen Sie am besten hinweg. So gelingt es Ihnen, das Gespräch in die von Ihnen gewünschte Richtung zu lenken.

Achten Sie dabei darauf, dass Ihr Feedback nicht vorwurfsvoll oder wertend ist. Also nicht: *„Sie sind heute aber unkonzentriert."* Oder: *„Wenn wir so weitermachen, sitzen wir morgen früh noch hier."* Besser ist: *„Ich merke, es beschäftigen Sie viele Aspekte des Themas. Am besten fangen wir mit XY an."* Der Vorteil solcher **beschreibenden Rückmeldungen** ist, dass Ihr Gegenüber sie nicht so leicht als Angriff wertet. Die Gesprächsatmosphäre bleibt entspannt und positiv.

Viele Menschen, die gerne reden, suchen keinen Gesprächspartner, sondern ein Opfer, das ihnen auf Gedeih und Verderb zuhört. Aus Unkenntnis unterstützen manche dieser leidgeplagten Zuhörer sogar noch solch eine Penetranz: **Kurze Äußerungen** wie *„Mhmm", „ja", „ah ja"* wertet der Nonstop-Redner nämlich als Zustimmung – und redet einfach weiter. Statt den Redefluss zu stoppen, wird das Gegenteil erreicht. Vermeiden Sie solche ungewollten Verstärker.

Achtung, wenn Ihr Gegenüber mit **Einleitungen** wie *„Das muss ich Ihnen mal erzählen …", „Also, Folgendes …", „Und zwar …"* beginnt. Setzen Sie unverzüglich ein eindeutiges Stopp-Signal, machen Sie deutlich, dass Sie das Gespräch leiten, zum Beispiel *„Herr Maier, es geht ja darum, dass … Dazu, Herr Maier habe ich folgendes vorbereitet … Außerdem, Herr Maier, …"*. Sprechen Sie Ihren Mandanten so oft wie es irgendwie möglich ist mit seinem Namen an. Die beabsichtigte Reaktion wird nicht ausbleiben: Ihr Kunde lässt Sie reden, denn er hört Sie immer wieder seinen Namen sagen – und nichts hört ein Mensch lieber als diesen seinen eigenen Namen.

Struktur von Anfang an

Geben Sie die Inhaltsstruktur für das Gespräch vor. Führen Sie die einzelnen Besprechungspunkte in ihrer Reihenfolge auf. Das zeigt zum einen Ihre Professionalität und macht es Ihnen zum anderen leicht, Ihren Gesprächspartner wieder einzufangen, wenn er zwischendurch vom Thema abdriftet. Beispiel: *„Herr Maier, das waren jetzt viele Fragen. Lassen Sie uns diese einmal systematisch durchgehen ...“* Oder: *„Herr Maier, habe ich Sie richtig verstanden, erstens ist das ... für Sie wichtig, zweitens handelt es sich hier um ... und drittens möchten Sie gerne, dass ...“* So behalten Sie die Zügel in der Hand.

Wenn der Kunde dennoch redet und redet, ohne ein Ende zu finden, können Sie nicht abwarten, bis irgendwann Schluss sein wird. Sie müssen reagieren, jedoch so, dass Sie ihn nicht kränken. Wie in nahezu allen Konfliktsituationen empfiehlt es sich auch hier, den Weg über die **Meta-Kommunikation** zu wählen. Meta-Kommunikation ist die Kommunikation über die Kommunikation. Konkret bedeutet dies, dass Sie zum Ausdruck bringen, wie Sie das Gespräch wahrnehmen und empfinden.

Dazu ein Beispiel: *„Ich glaube, wir sind jetzt in einer Sackgasse gelandet ...“ Oder: „Irgendwie habe ich den Eindruck, wir kommen nicht so recht weiter ... Lassen Sie uns das doch Punkt für Punkt durchgehen.“ Verknüpfen Sie Ihre Aussagen am besten gleich mit Vorschlägen, wie das Gespräch konstruktiv weitergehen kann.*

Tipp

Nutzen Sie die **‚Wir-Sprache'**. Damit vermeiden Sie einseitige Schuldzuweisungen. Indem Sie sich über das Wir einbeziehen, erleichtern Sie es dem Kunden, Ihren Vorschlag für das weitere Prozedere zu akzeptieren.

Viele Menschen nutzen unbewusst sogenannte **‚Killerphrasen'**: unsachliche und/oder allgemeine Floskeln. Zum Beispiel: *„Das Finanzamt zieht doch nur den Schwächeren das Geld aus den Taschen."* Oder: *„Es lohnt sich heutzutage nicht mehr, ehrlich zu sein."* Derartige Floskeln verhindern die sachliche Auseinandersetzung mit einem Thema. Daher: Diskutieren Sie auf keinen Fall über die Inhalte dieser Floskeln, egal ob Sie ihnen zustimmen oder nicht. Ignorieren Sie Bemerkungen dieser Art, gehen Sie einfach zum nächsten Gesprächspunkt über. Das ist deutlich effektiver als wertvolle Zeit mit Diskussionen über Allgemeinplätze zu verschwenden.

Nicht einschüchtern lassen

Manche Kunden haben eine Vorliebe dafür, andere einzuschüchtern und sich mit **Pseudowissen** in den Vordergrund zu spielen. Die menschlich verständliche Reaktion darauf: „Dem zeig' ich's!" Sie ist ebenso gut nachvollziehbar wie ineffektiv! Das kurzzeitig befriedigende Gefühl, es dem anderen ordentlich gegeben zu haben, schlägt spätestens dann ins Gegenteil um, wenn man sich wutschnaubend gegenübersteht und damit ganz sicher die Basis für eine weitere Zusammenarbeit endgültig zerstört ist.

Klüger ist es, die Emotionen nicht sich hochschaukeln zu lassen, bleiben Sie beherrscht. Ziehen Sie alle Tricks aus Ihrer Kommunikationsschublade. Denn so schwierig die Situation bei wenig pflegeleichten Kunden auch sein mag – Ihr Ziel ist es, ein erfolgreiches Gespräch zu führen, also mit Ihrem Kunden übereinzukommen.

Typisch für Konflikte ist es, sich wechselseitig die **Schuld zuzuweisen**. *„Ihre Kanzlei ist schuld, dass ich jetzt so viele Steuern zahlen muss"*, wirft Ihnen Ihr Mandant vor. Bitte starten sie jetzt keinen Gegenangriff oder ein Rechtfertigungs-Plädoyer. Senden Sie stattdessen ‚Ich-Botschaften', also teilen Sie Ihrem Gegenüber mit, wie Sie seine Attacke empfinden: *„In diesem Ton möchte ich unser Gespräch nicht weiter führen …"* Oder: *„Herr*

Maier, ich bin betroffen, in welcher Art und Weise Sie mit mir sprechen ...“ Äußern Sie ganz bewusst Ihre Gefühle. Machen Sie Ihren Standpunkt deutlich. Wichtig: Drücken Sie nur Ihre Wahrnehmung zur Form des Gesagten aus, gehen Sie noch nicht auf die Inhalte ein. Vor allem: Reagieren Sie auf keinen Fall aggressiv.

Antworten Sie auf Kundenvorwürfe, die mit *„Warum?“* beginnen, nicht mit *„Weil ...“*, sagen Sie lieber *„und“* statt *„aber“*.

Signalisieren Sie einem aggressiven Gesprächspartner, dass Sie Verständnis für ihn haben: *„Herr Maier, ich kann mich gut in Ihre Lage hineinversetzen.“* Und weiter: *„Wenn ich an Ihrer Stelle wäre, würde ich genauso empfinden.“* Sie stellen sich damit gefühlsmäßig auf seine Seite, ohne – und das ist entscheidend – ihm sachlich Recht zu geben. Allerdings Vorsicht: Gaukeln Sie kein Verständnis vor, wenn Sie es nicht tatsächlich haben. Ihr Kunde spürt genau, ob Sie es ehrlich mit ihm meinen.

Nutzen Sie gerade während eines konfliktbeladenen Gespräches die Technik des **aktiven Zuhörens** und geben Sie die wichtigsten Aussagen Ihres Gesprächpartners mit Ihren Worten zusammenfassend wieder. Am besten formulieren Sie diese Aussagen als Fragen. Beispiel: *„Sie haben also das Gefühl, dass meine Kanzlei Schuld daran sei?“* Oder: *„Sie ärgern sich über eine vermeintliche Schlamperei in unserer Kanzlei?“* Mit gezielten Rückfragen zu zuvor geäußerten Aussagen steuern Sie die Gesprächsrichtung. Mit Ihrer nachfassenden Frage machen Sie Ihrem Gesprächsgegenüber bewusst, wie gut, also wie aktiv Sie zuhören, dass Sie auf ihn eingehen. Schon damit reduzierten sich das Konfliktpotenzial und Ihr Rechtfertigungsdruck deutlich. Vor allem aber zeigt es, dass Sie sachlich auf einen Vorwurf eingehen und die Auseinandersetzung auch nur auf der Sachebene zulassen. Wenn Sie und Ihr Mandant gänzlich unterschiedliche Standpunkte haben, ist das nicht unbedingt ein Beinbruch, auch wenn Menschen dazu neigen, ihre

Mitmenschen partout von der Richtigkeit gerade ihres Standpunktes überzeugen zu wollen. Die angelsächsische Redewendung *"We agree to differ"* (= *„Wir sind uns einig, uneinig zu sein"*) sagt treffend, dass es durchaus möglich ist, sich einvernehmlich zu verständigen und zu akzeptieren, dass zwei gleichwertige Meinungen nebeneinander bestehen können.

Akzeptiert der Kunde Ihre Aussagen nicht und wird ausfallend, reagieren Sie zunächst nicht darauf. Bevor Sie Dampf ablassen, ist es besser, gar nichts zu sagen. Lassen Sie einen unfairen Angriff einfach ins Leere laufen, indem Sie nicht darauf eingehen. Falls es Ihnen gut tut, lassen Sie körperlich „Dampf ab", indem Sie einen Schritt zurück gehen. Oder Sie bitten Ihren Gesprächspartner, seine Aussage zu wiederholen, damit Sie sicher sind, ihn auch wirklich richtig verstanden zu haben. Selten werden Sie die Wiederholung hören, vielmehr eine weitaus gemilderte Aussage. Und wenn Sie nun mit Ihren Worten die Aussage wiederholen, ist es sehr wahrscheinlich, dass Ihr Kunde noch ein wenig zurück rudert. Mit Ihrer sachlichen und ruhigen Reaktion führen Sie auch Ihren Gesprächspartner auf die Sachebene zurück. Ein weiterer Vorteil – Sie gewinnen Zeit, um Ihre Fassung wieder zu erlangen. Es gibt allerdings durchaus Grenzen. Nicht jeden verbalen Angriff müssen Sie hinnehmen. Aber bitte:

Vorsicht mit fraglichen Selbsthilfestrategien

Für den Umgang mit schwierigen Kunden werden in einschlägigen Büchern die unterschiedlichsten Selbsthilfestrategien empfohlen:

- Dem Anrufer gedanklich eine Clownnase aufsetzen.
- Sich den Kunden in Unterhose vorstellen.
- Den wütenden Kunden ganz klein sehen, ihn gedanklich hochnehmen und ihn in eine Streichholzschachtel stecken.
- Sich denken „Du musst ja Probleme haben!"

Ich halte die Technik dieser gedanklichen Vorstellungen für äußerst bedenklich. Ihr Kunde hat Ihren vollsten Respekt verdient. Gedankliche Verunglimpfungen sind deshalb aus folgenden Gründen gefährlich:

- Während Sie mit Ihrer gedanklichen Ruhig-bleiben-Technik beschäftigt sind, hören Sie nicht richtig zu. Wertvolle Informationen gehen verloren.
- Sie können kein wirkliches, „echtes" Interesse an Ihrem Kunden zeigen, weil Sie es nicht haben.
- Ihnen fehlt das Verständnis für den Kunden und sein Verhalten.
- Da Ihre Gedanken unbewusst Einfluss auf Ihr Verhalten nehmen, können Sie ihm gegenüber keine Wertschätzung zum Ausdruck bringen.

Und überhaupt: Möchten sie in dieser Form gedanklich diskriminiert werden? Sicher genauso wenig wie ich.

Unangenehme Fragen des Kunden

Stellen Sie sich unangenehmen Fragen Ihrer Kunden, mit denen er auf vermeintliche oder tatsächliche Fehler hinweist. Fehler macht jeder. Sich aufrichtig dazu zu bekennen, wird Ihnen Sympathiepunkte einbringen, während Ausweichmanöver schnell erkannt werden. Wenn Sie eine unangenehme Frage nicht beantworten können, weil Sie sich damit selbst, einen Kollegen oder Ihr Unternehmen schützen wollen, sagen Sie, warum Sie auf eine Frage nicht eingehen: *„Bitte haben Sie Verständnis, dass ich mich dazu nicht äußern möchte."*

Heftige Angriffe des Kunden

Schlagfertigkeit ist, glaubt man manchem Ratgeber, ein probates Mittel gegen unfaire Angriffe. Die Antwort müsse nur schnell und originell sein. Im Idealfall kassieren Sie damit zwar einen Lacher, viel wahrscheinlicher ist es aber, dass Sie einen sowieso schon schlecht gelaunten Kunden noch mehr reizen. Auch hier gilt: Bleiben Sie auf der Sachebene. Verhalten Sie sich freundlich, begeben Sie sich nicht wegen eines unfairen Angriffs ebenfalls auf die Heckenschützenposition. Ist der Einwurf gar zu unsachlich, bleibt Ihnen auch hier die Metaebene, indem Sie erklären, warum Sie auf einen Vorwurf nicht eingehen: *„Ich denke, dieses Thema bringt uns einer Lösung keinen Schritt näher."*

Positive Reaktionen auf indiskrete Fragen

Seit Beginn meiner Trainertätigkeit hat sich das Kundenverhalten deutlich verändert. Es ist keine Seltenheit mehr, dass sich Mitarbeiter mit indiskreten Fragen der Kunden konfrontiert sehen:

- „Haben Sie schon einen Kerl abgekriegt oder sind Sie noch zu haben?"
- „Ihr Freund ist nicht der Richtige für Sie, nehmen Sie doch mich!"
- „Sie waren letzte Woche krank. Was hatten Sie denn?"
- „Seit Ihr Mann verstorben ist, blühen Sie so richtig auf!"
- „Sagen Sie mal, was verdienen Sie denn so?"
- „Darf ich Sie zum Essen einladen?"

Fragen nach Alter, Familienverhältnissen, Krankheit, Verdienst/Finanzen, Aussehen, ebenso wie körperliche Berührung sind in Kundengesprächen unangebracht, mehr noch: Sie sind in der Regel sehr unangenehm. Nicht immer steckt böse Absicht dahinter, häufig ist es nur unbedacht oder ungeschickt, wie ein Kunde in bester Absicht lediglich seine persönliche Aufmerksamkeit zeigt. Reagieren Sie souverän und gelassen – und wenn Sie die gute Absicht dahinter spüren, freuen Sie sich und sehen Sie über die Ungeschicklichkeit hinweg.

Hier einige Anregungen, wie Sie auf indiskrete Fragen klug reagieren:

- Nennen Sie den Grund, warum Sie im Moment nicht antworten möchten (zum Beispiel zu belastend, zu zeitraubend, jetzt unpassend, ...)
- Antworten Sie mit Ich-Botschaften, zum Beispiel:
  „Ihre Frage kann ich so spontan nicht beantworten!"

„Ich kann Ihnen hierzu keine zufriedenstellende Antwort geben!"
„Ich fühle mich jetzt überrumpelt!"
„Ich bewundere Ihren Mut, werde aber Ihre Frage nicht beantworten."

- Sie kontern mit Humor, zum Beispiel:
  „Jetzt lassen Sie mich mal kurz nachdenken, ob mir eine unpassende Antwort darauf einfällt!"
- Sie hinterfragen die Frage:
  „Gerne beantworte ich Ihre Frage, wenn Sie mir verraten, was Sie damit bezwecken?"
- Sie stellen eine Gegenfrage:
  „Haben Sie sich nicht auch schon die Frage gestellt?"
- Sie überhören die Frage.
- Sie übergehen die Frage mit einem Lächeln.
- Sie antworten ehrlich, ohne in Details zu gehen.
- Sie verschieben die Antwort auf später:
  „Ich gehe gerne auf Ihre Frage ein, doch lassen Sie mich diesen Gedankengang noch kurz zu Ende führen."
  „Gerne beantworte ich Ihre Frage, sobald wir dieses Thema abgeschlossen haben."
- Sie stiften bewusst Verwirrung:
  „Meinen Sie das jetzt strategisch oder prophylaktisch?"

Der gelöste Konflikt

Ganz egal, wie eine schwierige Verhandlung mit einem Kunden ausgegangen ist, ob Sie ihn mit Argumenten überzeugen konnten oder ob Sie ihm das Gefühl gegeben haben, im Recht zu sein – bleiben Sie freundlich und fair. Betonen Sie, dass es Ihnen immer nur um die sachliche Lösung des Problems ging. Lassen Sie sich nicht zu Sätzen hinreißen wie *„Sehen Sie, es war doch anders, als Sie dachten"*. Lassen Sie Ihren Kunden spüren, dass nach dem Gespräch nun für Sie alles in Ordnung ist und er keinesfalls bei Ihnen auf die „schwarze Kundenliste" gesetzt wird.

Überprüfen Sie Ihren Ist-Zustand: Wie verhalten Sie sich momentan?		**JA**	**NEIN**
1.	Sie lassen sich nicht provozieren.	☐	☐
2.	Sie behalten die Kontrolle über Ihre Gefühlsreaktionen.	☐	☐
3.	Sie vermeiden die offene Konfrontation.	☐	☐
4.	Sie verzichten darauf, Recht zu behalten.	☐	☐
5.	Sie versuchen, den Gesprächsinhalt zu versachlichen.	☐	☐
6.	Sie tolerieren auch eine gegensätzliche Meinung.	☐	☐
7.	Sie achten darauf, sich nicht in Nebensächlichkeiten zu verzetteln.	☐	☐
8.	Sie sorgen dafür, dass das zentrale Gesprächsthema im Mittelpunkt bleibt.	☐	☐
9.	Sie reagieren auf unangenehme Fragen ehrlich.	☐	☐
10.	Nach einem gelösten Konflikt haben Sie keine negativen Gefühle mehr.	☐	☐

Überlegen Sie sich bei allen mit Nein beantworteten Fragen, wie Sie zum Ja kommen können. Es geht um Ihren Umsatz, um Ihre Professionalität – und auch um Ihre Nerven.

Mehrere Kunden gleichzeitig

In den vorangegangenen Kapiteln ging es darum, dass Sie einem Kunden immer Ihre volle Aufmerksamkeit schenken. Aus Ihrem Arbeitsalltag wissen Sie jedoch, dass Sie sich manchmal eigentlich zweiteilen müssten, da Sie zwei Kunden auf einmal zu betreuen haben, wenn zum Beispiel mitten in einem Beratungsgespräch das Telefon klingelt. Bitte lassen Sie auf keinen Fall das Telefon einfach klingeln. Sie verärgern damit den Kunden, der Sie nicht erreichen kann. Den Kunden, dem Sie vermeintlich Ihre volle Aufmerksamkeit schenken, irritieren Sie dadurch. Er vermutet, dass es ihm bei seinem nächsten Anruf bei Ihnen ebenso geht wie dem unbekannten aktuellen Anrufer.

Die Lösung? Bitten Sie Ihr Gegenüber, das Beratungsgespräch kurz unterbrechen zu dürfen. Ihre doppelte Aufmerksamkeit – ihm gegenüber sowie gegenüber dem Anrufer – wird er schätzen. Es muss allerdings wirklich bei der kurzen Unterbrechung bleiben. Wenn das Anliegen des Anrufers nicht sofort zu erledigen ist, bitten Sie diesen darum, in einer Stunde zurückrufen zu dürfen.

Wenn irgend möglich, sorgen Sie dafür, dass es erst gar nicht zu Gesprächsstörungen der geschilderten Art kommt. Den Hörer neben die Gabel zu legen, ist ganz sicher nicht die Lösung. Ziehen Sie sich für wichtige Beratungsgespräche in den Konferenzraum zurück und bitten Sie einen Kollegen, Ihr Telefon zu übernehmen.

Tipp

Informieren Sie zu Beginn des Beratungstermins (im Beisein des Kunden) Ihre Mitarbeiter oder Kollegen, dass Sie für die Dauer des Gesprächs keine Telefonate annehmen möchten. Damit zeigen Sie Ihrem Kunden, wie wichtig er für Sie ist.

Sprachbarrieren: „Was du wolle?"

Auch wenn ein Kunde nicht Ihre Sprache spricht, erwartet er zu Recht, dass Sie ihn verstehen und ihm helfen. Das gelingt weder, indem Sie lauter sprechen, und auch nicht mithilfe grammatikalisch verstümmelter Sätze. Sprechen Sie langsam und deutlich. Bilden Sie kurze, leicht verständliche Sätze. Bleibt die Situation weiterhin unklar, versuchen Sie, eine gemeinsame Fremdsprache mit Ihrem Kunden zu finden, zum Beispiel ein paar Brocken Englisch, vielleicht mit ein wenig Italienisch – Ihr Kunde wird dankbar sein, dass Sie sich so viel Mühe mit ihm geben. Einfache Sachverhalte können Sie mit Gesten und kleinen Skizzen verständlich machen. Zahlen sind international, schreiben Sie sie nieder. Wenn Sie gar nicht zurechtkommen, suchen Sie Hilfe, zum Beispiel bei einem Kollegen, den Sie als Dolmetscher einbinden können. Die wichtigsten Fakten zu einem Sachverhalt geben Sie Ihrem Kunden abschließend unbedingt in schriftlicher Form mit. So kann er Ihre Aussage noch einmal in Ruhe mit seinem Wörterbuch nachvollziehen.

Hartnäckige Kunden

Jeden Morgen um 9 Uhr früh klingelt Ihr Telefon, und es ist wieder Herr Mayer. Er wollte nur nachfragen, ob seine Angelegenheit endlich geklärt werden konnte. Obwohl Sie ihm täglich versichern, dass Sie daran arbeiten und ihn garantiert nicht vergessen, ruft er immer wieder an. Ein hartnäckiger Kunde ist nicht böswillig, er ist verunsichert oder hat den Eindruck, dass Sie sich nicht ausreichend für ihn einsetzen. Nehmen Sie sich hier Kampfsportler als Vorbild. Sie weichen Schlägen nicht aus, sie versuchen auch nicht, den Schlag abzublocken, denn das würde zu viel Kraft kosten. Kampfsportler nutzen die Kraft des Gegners, um diesen in die Richtung seines Schlages weiterzuziehen und zu Fall zu bringen. Auf Ihre Arbeit übertragen heißt das: Lassen Sie nicht Ihren Kollegen ans Telefon gehen, wenn die Nummer von Herrn Mayer auf dem Display erscheint, und versuchen Sie nicht, den Kunden abzublocken, sondern nutzen Sie seine Schlagkraft für Ihre Verteidigung. Wenn er täglich um 9 Uhr anruft, dann greifen Sie fünf Minuten vorher zum Hörer und halten Sie ihn mit Informationen auf dem Laufenden. Geben Sie Herrn Mayer einen detaillierten Zwischenbescheid. Jetzt weiß er, dass Sie sich für ihn einsetzen, fühlt sich gut betreut. Nun ist Herr Mayer beruhigt und hat nicht mehr das Gefühl, ständig bei Ihnen nachfragen zu müssen. Und Sie haben Zeit gewonnen, sich um die Erledigung seiner Angelegenheit zu kümmern.

Dauerredner

Sein Redefluss ist kaum zu stoppen, und er scheint unendlich viel Zeit zu haben. Er schweift gerne vom Thema ab und erzählt Ihnen auch Privates. Mit Kunden dieses Typs kommen Sie am besten zurecht, wenn Sie ihn zunächst einmal reden lassen, ihm interessiert und aktiv zuhören. Ihr Interesse verhilft Ihnen zu wertvollen Sympathiepunkten. Wenn Sie den Wortschwall nach einer gewissen Zeit bremsen, dann tun Sie das taktvoll, indem Sie ihn mit seinem Namen oder mit Ihrer Zustimmung unterbrechen: *„Herr Wünsch, habe ich Sie richtig verstanden: Erstens ..., zweitens ..., drittens ...“* – *„Da bin ich völlig Ihrer Meinung, deshalb lassen Sie uns ...“*

Vergessen Sie bei Terminvereinbarungen und bei der Begrüßung nicht den dezenten Hinweis auf den zeitlichen Rahmen: *„Herr Wünsch, bitte bringen Sie circa eine Stunde Zeit mit.“* – *„Schön Herr Wünsch, dass Sie sich eine Stunde Zeit nehmen können, lassen Sie uns gleich beginnen.“*

Fatale Auswirkungen hat es, wenn Sie dem Dauerredner neue Themenimpulse geben. Kommen Sie zum Schluss, indem Sie die Vergangenheitsform verwenden und noch einmal alle wesentlichen Punkte zusammenfassend wiederholen: *„Das waren nun wertvolle Information für mich ...“*

Tipp

Besonders zeitrahmenresistente Kunden besuchen Sie am besten vor Ort. Dort können Sie das Gespräch leichter beenden.

3.3 Beschwerden bieten Chancen

„Ein Geheimnis des Erfolgs ist, den Standpunkt des anderen zu verstehen."
(Henry Ford)

Die zentrale Bedeutung des Kunden ist unbestritten. Er bestimmt den Umsatz und damit den Erfolg des Unternehmens. Was geschieht jedoch im Fall einer Beschwerde? Nehmen Sie den Kunden mit seiner Beschwerde ernst oder wird er abgewimmelt? Besteht die Bereitschaft, das vorhandene Problem zu beseitigen oder erklärt sich Ihr Mitarbeiter „einfach für nicht zuständig"?

Gerade in den letzten Jahren haben Unternehmen verstärkt Anstrengungen unternommen, dem Kunden noch näher zu sein. Kundenbindung ist günstiger, als in teuren Werbekampagnen nach neuen Kunden zu suchen. War früher der Kunde sich selbst überlassen, so ist man heute darum bemüht, mit ihm eine Partnerschaft einzugehen. Auf ihn zuzugehen ist die beste Methode, seine Bedürfnisse und Wünsche zu entdecken. Kunden-Feedback richtig angewendet schafft Kundenzufriedenheit! Darüber hinaus profitieren bei einem professionellen Beschwerdemanagement beide Seiten: Der Kunde **und** das Unternehmen.

Trotz dieser Erkenntnis, die sich mittlerweile in allen Unternehmen durchgesetzt hat, fühlt sich mancher Kunde mit seiner Beschwerde alleingelassen. Das ausgelagerte Call-Center, das die Kundenbeschwerden entgegennimmt, hat oft keine Ahnung von seinem Problem. Meistens bekommt er nach einigen Wochen einen Standard-Brief zugeschickt – womöglich noch ohne persönliche Anrede – mit der Formulierung *„Sehr geehrter Kunde, wir bedauern, dass Sie Probleme mit unserem Produkt haben. Leider sind wir nicht zuständig, da wir den Artikel nicht mehr führen. Wenden Sie sich bitte an die Herstellerfirma in China."*

Halbherzige Anstrengungen und Lippenbekenntnisse reichen nicht aus. Der Kunde fühlt sich nicht ernst genommen und wird es nächstes Mal vermutlich gleich bei der Konkurrenz versuchen. Für eine kundenfreundliche Unternehmenskultur ist ein kompletter Wandel in der Einstellung zum Kunden erforderlich. Damit das gelingt, müssen alle Mitarbeiter über Risiken und Chancen einer Beschwerde aufgeklärt werden. Eine Voraussetzung dafür ist unter anderem die Bereitschaft des ganzen Unternehmens, im Umgang mit den Kunden hinter den eigenen Mitarbeitern zu stehen und sie dafür mit entsprechender Kompetenz auszustatten.

Als ersten Schritt ermitteln Sie zunächst, was Zufriedenheit für Ihre Kunden bedeutet:

Stellen Sie sich folgende Fragen:
- Wer sind Ihre Kunden?
- Welche Erwartungen haben Ihre Kunden?
- Wie können Sie die Erwartungen und Ansprüche der Kunden erfüllen?
- Was bietet die Konkurrenz Ihren Kunden, und wie können Sie das besser machen?

Erst in kritischen Situationen wird sich dann zeigen, ob Ihre Vorkehrungen für mehr Kundenzufriedenheit greifen. Gelingt es, das Problem einer Beschwerde in sachlicher Form und in einer akzeptablen Zeitspanne zu lösen, wird die Kundenzufriedenheit wiederhergestellt. Eine wirkliche Kundenbindung erreichen Sie aber erst, wenn Sie es sich zum Grundsatz machen, dem Kunden immer mehr als notwendig zu bieten. Mit diesem Extra machen Sie aus einem zufriedenen Kunden einen treuen und zufriedenen Kunden.

Die Beschwerde als Glücksfall

Eine Beschwerde ist ein Signal, dass etwas in den innerbetrieblichen Abläufen nicht stimmt. Es ist Ihre Chance, bisher verborgene Fehler in den internen Abläufen oder bei den Dienstleistungen zu erkennen und zu verbessern. Schaffen Sie es, aus einem unzufriedenen einen zufriedenen Kunden zu machen, werden Sie mit langjähriger Kundentreue dafür belohnt.

Rational betrachtet ist die Beschwerde ein Glücksfall. Was sonst an Ihnen unerkannt vorüber gehen würde, bekommen Sie durch eine Beschwerde quasi frei Haus geliefert. Seien Sie dafür dankbar. Ein wertvolleres Geschenk kann Ihnen ein Kunde nicht machen.

Ein Kunde, der sich beschwert, ist damit ein kostenloser Unternehmensberater. Firmen beauftragen häufig Institutionen, um eine Kundenzufriedenheitsbefragung durchzuführen, die sehr kostspielig ist und kein so realistisches Ergebnis erzielt, wie das, was Ihnen der Kunde freiwillig auf einem Silbertablett serviert – und dies noch kostenfrei!

Ein gutes Beschwerdemanagement spricht sich schnell herum. Firmen, die auf die Bedürfnisse der Kunde eingehen, stehen ganz oben auf der Beliebtheitsskala. Diese Maßnahme wirkt zuverlässiger als jede Hochglanzwerbekampagne.

Sie können durch Beschwerden mitunter eine Marktlücke entdecken und bis heute vernachlässigte Nischen als Geschäftszweig für sich nutzen.

Sie sparen Kosten ein. Werbung für die Suche nach neuen Kunden ist teuer, alte Kunden zu behalten billiger. Außerdem vermeiden Sie hohe Kosten für Gewährleistung und Kulanz, wenn Sie das Problem entdecken und an der Wurzel packen können.

Beschwerdemanagement ist damit Ihr zukunftsweisendes Instrument zur Kundenorientierung, lernen Sie es meisterhaft zu spielen!

Alarmstufe ROT – Die Beschwerde als letzte Chance!

Es ist nicht so, dass Sie von jeder Unzufriedenheit Ihres Kunden erfahren. Im Gegenteil, bei unseren regelmäßig durchgeführten Studien zum Thema Serviceorientierung und Kundenzufriedenheit entdecken wir immer wieder, dass die Kunden keineswegs zufrieden sein müssen, nur weil sie sich nicht beschweren. Unsere im Jahr 2008 durchgeführte Studie „Brennpunkt Steuerberater" ergab, dass nur 48 Prozent der Mandanten von Steuerkanzleien sich schon einmal beschwert haben, 52 Prozent hingegen haben Ihre Unzufriedenheit für sich behalten. Immerhin haben 56 Prozent ihren Steuerberater bereits mindestens einmal gewechselt. Das bedeutet, dass ein gewisser Prozentsatz so unzufrieden war, dass er seinen Steuerberater lieber gleich gewechselt hat, statt diesen über die Probleme zu informieren.

Kunden beschwerden sich nicht – sie gehen!

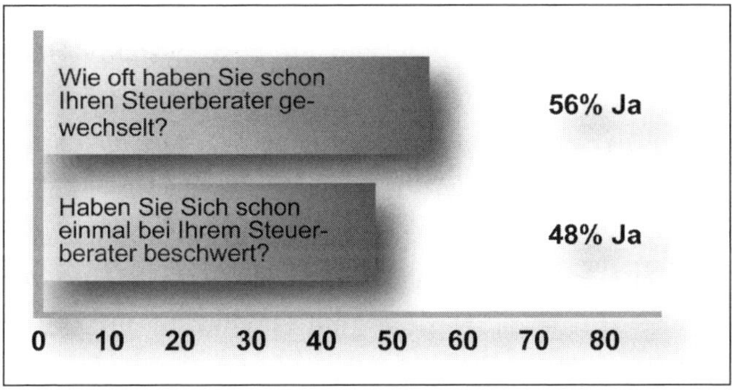

Abbildung 9: Kunden beschwerden sich nicht – sie gehen!

Die Gründe, warum Kunden sich nicht beschweren, sind vielfältig:

- „So schlimm war das auch wieder nicht ..."
- „Ich wollte es nicht noch schlimmer machen ..."
- „Ich war teilweise selber schuld ..."
- „Mein Steuerberater war gerade unterwegs bei einem Mandanten ..."
- „Ich hatte keine Lust mich aufzuregen ..."
- „Das bringt doch nichts außer Stress!"
- „Ich hatte mich schon einmal beschwert, ..."
- „... seitdem herrscht ein seltsames Klima."
- „... es hat sich seither nichts geändert."
- „... ich möchte nicht als Querulant gelten."

Dadurch erfährt der Kanzleiinhaber mitunter erst sehr spät von etwaigen Missständen und dann heißt es schleunigst handeln. Nach den Zahlen unserer Studie tun das aber die meisten Steuerberater nur sehr halbherzig, denn lediglich 22 Prozent der Mandanten, die sich beschwert haben, waren mit der Beschwerdeabwicklung auch zufrieden.

Wie gehe ich mit einer Beschwerde richtig um?

Eine in meinen Seminaren häufig und stets sehr dringlich gestellte Frage ist, wie man konkret mit Beschwerden umgehen kann. Eine Beschwerde ist im Normalfall ein lästiges und unangenehmes Ereignis. Ganz gleich, ob für den Kunden oder Mitarbeiter – beide fühlen sich in diesem Augenblick überfordert. Der Gedanke daran, partnerschaftlich zu reagieren, erscheint hier meist fremd, dennoch ist genau das der Königsweg. Es kommt auf Sie und Ihre Einstellung an. Betrachten Sie eine Beschwerde unbedingt als Chance und fühlen Sie sich niemals persönlich angegriffen, vergegenwärtigen Sie sich immer, dass es hier um ein sachliches Thema geht, das Sie gemeinsam mit Ihrem Kunden lösen werden. Es geht nicht darum, Sie persönlich herabzusetzen – auch wenn die Vorwürfe des erregten Kunden manchmal danach klingen mögen. Zeigen Sie, was in Ihnen steckt. Es ist eine einmalige Chance für Sie und Ihr Unternehmen! Der folgende Leitfaden hilft Ihnen dabei, diese Herausforderung elegant zu meistern.

Leitfaden: So gehen Sie mit einer Beschwerde richtig um

Schritt 1: Aktiv zuhören
Schritt 2: Verständnis haben
Schritt 3: Hinterfragen und zusammenfassen
Schritt 4: Gegebenenfalls entschuldigen
Schritt 5: Nach Lösungen suchen
Schritt 6: Bestätigung einholen
Schritt 7: Sich bedanken
Schritt 8: Sofort erledigen!
Schritt 9: Kundenzufriedenheit überprüfen
Schritt 10: Reduzieren von künftigen Fehlerquellen

1. Schritt: Aktiv zuhören

Hören Sie genau hin, was Ihnen der Kunde zu sagen hat! Lassen Sie den Kunden ausreden und geben Sie ihm genügend Zeit, um seinen Frust loszuwerden, das hält ein wütender Gesprächspartner maximal acht Minuten durch („Kundengespräche souverän meistern", Martina Junge, Gabler-Verlag 2003, S. 44). In den meisten Fällen reicht es schon, ihn drei bis vier Minuten reden zu lassen. Ein zu schnelles Eingreifen in das Gespräch ist für den Kunden unbefriedigend, und er wird immer wieder von vorne beginnen. Dies ist ein Zeichen, dass er seinem Ärger noch nicht genügend Luft machen konnte. Zeigen Sie Respekt, indem Sie aufmerksam zuhören und gedanklich nicht schon über Ihre Erwiderung nachdenken.

Tipp

Am Telefon wird der Blickkontakt durch Füllworte ersetzt wie zum Beispiel: „Mhm, ah, ah ja, ich verstehe." (Der Ton und die Betonung sind hierbei entscheidend.)

2. Schritt: Verständnis haben

Zeigen Sie nicht nur, sondern haben Sie Verständnis für die Situation des Kunden. Schließlich hat er Umstände mit Ihnen und Ihrem Produkt Dienstleistung – ganz zu schweigen von den vielen Aufregungen.

Mit Aussagen wie zum Beispiel *„Ich kann Ihre Situation gut verstehen", „Ich kann das sehr gut nachvollziehen", „In Ihrer Situation würde ich genauso reagieren"* gehen Sie auf emotionaler Ebene auf ihn ein. Die gestörte Beziehungsebene wird somit wiederhergestellt. Vorsicht: Der Kunde spürt genau, ob Sie es ehrlich meinen! Vermeiden Sie lockere und flapsige Sprüche, wie „Na, ob Sie da nicht auch einen Fehler gemacht haben?".

3. Schritt: Fragen stellen, hinterfragen und zusammenfassen

Verärgerte Kunden übertreiben gerne und schildern den Sachverhalt meist unvollständig. Deshalb holen Sie sich noch die Informationen, die Sie benötigen, damit Sie sich ein komplettes Bild machen können. „Offene" Fragen helfen Ihnen, Details über den Fall zu erfahren, wie zum Beispiel: *„Wie sind Sie dabei vorgegangen?", „Was ist im Einzelnen vorgefallen?", „Seit wann ist ... eingetroffen?"*

Wiederholen Sie anschließend die Schilderungen des Kunden kurz mit Ihren Worten. Auf diese Weise überprüfen Sie, ob Sie sein Anliegen richtig verstanden haben. Verwenden Sie Formulierungen wie: *„Verstehe ich Sie richtig, dass ...?" – „Sehe ich das richtig, wenn ich ...?"*

Prüfen Sie, ob der Kunde die Situation richtig verstanden hat, um Akzeptanz zu erreichen.

4. Schritt: Gegebenenfalls entschuldigen

Eine Entschuldigung ist nur dann angebracht (und dann sofort), wenn Sie einen Fehler verursacht haben. Übernehmen Sie dafür die volle Verantwortung und entschuldigen Sie sich für den Vorfall und die dem Kunden entstandenen Unannehmlichkeiten.

Zum Beispiel: *„Sie haben vollkommen recht, Herr Maier. Ich sehe gerade, ich habe es versäumt, die Unterlagen weiterzuleiten. Es tut mir leid, dass Sie so viele Umstände hatten!"*

Suchen Sie nicht lange nach Ausreden oder Notlügen, sondern sprechen Sie darüber offen und ehrlich. Ehrlichkeit verzeiht vieles! Schwierig wird es erst dann, wenn Sie versuchen, dem Kunden etwas vorzuspielen – der Kunde spürt das sofort!

Meistens muss aber erst nach einer Fehlerursache geforscht werden. Ist dies der Fall, so informieren Sie den Kunden darüber.

Zum Beispiel: *„Herr Kunde, ich nehme mich dieser Angelegenheit sofort an! Kann ich Sie morgen zwischen 10.00 und 12.00 Uhr telefonisch erreichen? Dann kann ich ihnen „Näheres" sagen!"*

Falls Sie am nächsten Tag bis 12.00 Uhr nichts bewirken konnten, lassen Sie es den Kunden wissen. Geben Sie ihm einen Zwischenbescheid und unterrichten Sie ihn über Ihre Aktivitäten. Sagen Sie ihm, was Sie bis jetzt unternommen haben. Halten Sie den Kunden immer auf dem Laufenden, somit spürt er, dass Sie ihn nicht vergessen haben.

5. Schritt: Nach Lösungen suchen (ggf. gemeinsam)
Finden Sie heraus, was der Kunde erwartet. Entweder können Sie darauf eingehen, oder aber Sie schlagen ihm Alternativen vor. Beziehen Sie Ihren Kunden dabei mit ein. Er soll ruhig auch von sich aus weitere Vorschläge unterbreiten, wenn Sie auf seine bisherigen Forderungen nicht eingehen können. Sie erhalten so Lösungsvorschläge, an die Sie bisher noch gar nicht gedacht haben. Der Kunde fühlt sich dadurch in den Prozess mit eingebunden. Er spürt, dass Sie für ihn da sind und sich ernsthaft mit seinem Problem beschäftigen.

Auch wenn er Sie zum Beispiel während eines Telefonats nicht sieht, so hört er doch ganz genau hin und erkennt Ihre Offenheit an.

6. Schritt: Bestätigung einholen
Haben Sie eine gemeinsame Lösung gefunden, fragen Sie den Kunden, ob er damit auch einverstanden ist. Seine Zufriedenheit muss an erster Stelle stehen.

Formulierungsmöglichkeiten:
„Sind Sie mit dieser Lösung einverstanden?“
„Können wir so verbleiben?“
„Ist das für Sie so in Ordnung?“
„Ist dieser Vorschlag für Sie akzeptabel?“
„Können wir das Ergebnis so festhalten?“
„Ist das so in Ihrem Sinn?“

7. Schritt: Sich bedanken
Bedanken Sie sich beim Kunden! Erklären Sie ihm dabei auch, warum Sie sich bedanken. Nur indem Sie Ihren Dank mit einem konkreten Anlass verbinden, geben Sie Ihrem Kunden das Gefühl echter Wertschätzung. Im Vordergrund sollte für Sie stehen, dass der Kunde Ihnen durch seine Be-

schwerde wertvolle Informationen liefert. Der Dank über eine Beschwerde (ohne Rechtswertung) erleichtert den Einstieg in den weiteren Gesprächsverlauf.

Formulierungsmöglichkeiten:
„Vielen Dank für Ihr Verständnis."
„Danke für das Gespräch. Es ist für uns wichtig zu wissen …"
„Dankeschön für das Vertrauen."
„Danke, dass Sie mich daran erinnern …"
„Danke für Ihre Mühe/Hilfe …"
„Danke, dass Sie gleich zu mir gekommen sind"

8. Schritt: Sofort erledigen
Sichern Sie dem Kunden auf jeden Fall die sofortige Beschwerdebearbeitung zu! Eine schnelle Reaktion zeigt, dass Sie Ihr Versprechen ernst nehmen und die Probleme zur Zufriedenheit des Kunden lösen wollen. Ist das nicht gleich möglich, informieren Sie den Kunden über die einzelnen Zwischenstände. Sie beteiligen ihn damit am Prozess. Er fühlt sich von Anfang an mit eingebunden und weiß genau so viel wie Sie. In dieser Situation verzeiht er Ihnen gerne eine kleine Verzögerung.

9. Schritt: Kundenzufriedenheit überprüfen
Melden Sie sich nach der Beschwerdeabwicklung bei Ihrem Kunden und fragen Sie nach, ob alles zu seiner Zufriedenheit verlaufen ist. Damit zeigen Sie eine Wertschätzung Ihrem Kunden gegenüber, zeigen Sie ihm ruhig, wie viel Ihnen an ihm und seiner Meinung liegt.

10. Schritt: Reduzieren künftiger Fehlerquellen!
Die Information aus der Beschwerde hilft, Probleme dieser Art künftig nachhaltig zu vermeiden.

Mitarbeiter, die eventuell das Problem verursacht haben, sollten nicht beschuldigt werden, damit sie auch weiterhin Informationen an die Unternehmensleitung weiterleiten.

Übertreffen Sie die Erwartungen des Kunden

Nachdem die Beschwerde für beide Seiten zufriedenstellend abgewickelt wurde, verblüffen Sie doch einmal den Kunden mit einem kleinen Extra, womit er gar nicht gerechnet hat. Das wirkt!

Es ist eine spannende Aufgabe, nach solchen kleinen, innovativen Möglichkeiten zu suchen, denn was Sie damit bewirken, ist verblüffend.

Rufen Sie deshalb Ihr Team zusammen und erarbeiten Sie eine Liste, in der zum Beispiel 50 Extras für den Kunden aufgeführt sind. Wählen Sie davon drei oder fünf Möglichkeiten aus, die Sie in den nächsten vier Wochen für den Kunden bereithalten wollen. Seien Sie kreativ und lassen Sie sich ruhig einmal etwas Besonderes einfallen (außer Kugelschreiber, Feuerzeug, Kalender, ...). Es kann auch durchaus eine Dienstleistung sein, die Sie für den Kunden erbringen (zum Beispiel ein Hol- und Bringservice, wenn der Kunde über wenig Zeit verfügt).

Machen Sie es sich zum Prinzip, dem Kunden mehr zu bieten als er erwartet. Steigern Sie Ihren Service durch Zusatzleistungen, die ein anderer so nicht bietet. Dadurch lassen Sie jeden Konkurrenten links liegen.

Ein Seminarteilnehmer erzählte mir von einem Beschwerde-Telefonat mit folgendem Ablauf:

Fallbeispiel 1: Ein defektes Fahrrad

Kunde: *„Ist dort endlich das Fahrradgeschäft?“*
Mitarbeiter: *„Ja, Hausmann mein Name. Was kann ich für Sie tun?“*
Kunde: *„Sie, hören Sie mal, Sie können sich Ihr Fahrrad wieder abholen, das hat eine Acht im Vorderrad! Und jetzt sagen Sie ja nicht, die Acht war vorher noch nicht drin!“*
Mitarbeiter: *„Jetzt mal langsam, mit wem spreche ich eigentlich?“*
Kunde: *„Müller hier. Sie wissen doch, ich war gestern bei Ihnen und habe für meinen Sohn ein Fahrrad gekauft und Sie haben mir ein kaputtes angedreht! Sie sind doch der letzte Saftladen!“*
Mitarbeiter: *„Moment mal – jetzt halten Sie mal die Luft an! Ich habe Ihnen gar nichts angedreht und außerdem kenne ich Sie nicht einmal. Wer hat Ihnen denn das Fahrrad verkauft?“*
Kunde: *„Wie soll ich das wissen? Auf alle Fälle war das so ein Blondschopf!“*
Mitarbeiter: *„Ah, das war sicherlich Herr Baumgartner, unser Lehrling, und der hat Ihnen tatsächlich ein kaputtes Fahrrad verkauft?“*
Kunde: *„Wollen Sie jetzt auch noch behaupten, dass ich lüge?“*
Mitarbeiter: *„Regen Sie sich doch nicht gleich so auf, kein Mensch hat das behauptet.“*
Kunde: *„Das möchte ich auch hoffen. Ich habe es nicht nötig, mich als Lügner bezeichnen zu lassen, und außerdem will ich sofort ein neues Fahrrad oder mein Geld zurück!“*
Mitarbeiter: *„Ja, jetzt beruhigen Sie sich mal wieder! Das kann ich Ihnen jetzt nicht zusagen. Da muss ich erst einmal mit Herrn Baumgartner sprechen, was da mit diesem Fahrrad eigentlich los ist. Ich melde mich dann bei Ihnen!“*

Kunde: *„Nee, nee, nee, so leicht lasse ich mich jetzt nicht abwimmeln, ich bestehe darauf, dass Sie mir ..."*
Mitarbeiter: *„Sie müssen doch verstehen, dass ich mich erst informieren muss. Also, ich melde mich dann bei Ihnen."*
Kunde: *„Das möchte ich Ihnen auch raten!"*

Als Herr Hausmann den Lehrling Baumgartner von dem Anruf berichtete, erzählte dieser stockend, er sei aus Jux mit dem Rad durch den Verkaufsraum gefahren und dabei mit dem Vorderrad gegen einen Betonpfeiler gestoßen. Was Herrn Hausmann echt überraschte, den rein gefühlsmäßig war er gegen den Kunden eingestimmt und hätte nie damit gerechnet, dass dieser die Wahrheit gesagt hatte.

Beantworten Sie bitte folgende Fragen:
- Wie wirkt das Beschwerdegespräch auf Sie?
- Was will der Kunde (bewusst oder unbewusst) erreichen?
- Wovor meint der Kunde, sich schützen zu müssen?
- Was müsste ich veranlassen, damit er zufrieden ist?
- Wie müsste ich mich verhalten, damit er gerne wieder kommt?
- Womit könnte ich ihn überraschen?

Gegenüberstellung: Ein defektes Fahrrad

	Kundenfeindliches Verhalten	Kundenfreundliches Verhalten
Kunde	„Ist dort endlich das Fahrradgeschäft?"	
Mitarbeiter	„Ja, Hausmann hier. Was kann ich für Sie tun?"	„Ja, Hausmann ist mein Name, vom Fahrradfachgeschäft Hausmann & Co. Was kann ich für Sie tun?
Kunde	„Sie, hören Sie mal, Sie können sich Ihr Fahrrad wieder abholen, das hat eine Acht im Vorderrad! Und jetzt sagen Sie ja nicht, die Acht war vorher noch nicht drin!"	

Gegenüberstellung: Ein defektes Fahrrad (Fortsetzung)

	Kundenfeindliches Verhalten	Kundenfreundliches Verhalten
Mitarbeiter	„Jetzt mal langsam, mit wem spreche ich eigentlich?"	„Oh, das tut mir leid, dass Ihr Fahrrad nicht in Ordnung ist. Können Sie mir Ihren Namen noch einmal nennen, ich habe ihn akustisch nicht verstanden?"
Kunde	„Müller hier. Sie wissen doch, ich war gestern bei Ihnen und habe für meinen Sohn ein Fahrrad gekauft und Sie haben mir ein kaputtes angedreht! Sie sind doch der letzte Saftladen!"	
Mitarbeiter	Moment mal – jetzt halten Sie mal die Luft an! Ich habe Ihnen gar nichts angedreht und außerdem kenne ich Sie nicht einmal. Wer hat Ihnen denn das Fahrrad verkauft?"	„Herr Müller, ich habe volles Verständnis für Ihre Verärgerung. Sie sagten, Ihr Fahrrad habe eine Acht im Vorderrad. Habe ich das richtig verstanden?"
Kunde		„Ja, das ist richtig!"
Mitarbeiter		„Gut, – wissen Sie noch, wer Sie beraten hat?"
Kunde	„Wie soll ich das wissen? Auf alle Fälle war das so ein Blondschopf!"	
Mitarbeiter	„Ah, das war sicherlich Herr Baumgartner, unser Lehrling, und der hat Ihnen tatsächlich ein kaputtes Fahrrad verkauft?"	„Ah, ja, das ist Herr Baumgärtner. Herr Müller, ich kläre das sofort mit Herrn Baumgärtner und melde mich in circa 20 Minuten bei Ihnen. Sind Sie damit einverstanden?"
Kunde	„Wollen Sie behaupten, dass ich lüge?"	
Mitarbeiter	„Regen Sie sich doch nicht gleich so auf, kein Mensch hat das behauptet."	
Kunde	„Das möchte ich auch hoffen. Ich habe es nicht nötig, mich als Lügner bezeichnen zu lassen, und außerdem will ich sofort ein neues Fahrrad oder mein Geld zurück!"	

Gegenüberstellung: Ein defektes Fahrrad (Fortsetzung)

	Kundenfeindliches Verhalten	Kundenfreundliches Verhalten
Mitarbeiter	„Ja, jetzt beruhigen Sie sich mal wieder! Das kann ich Ihnen jetzt nicht sagen. Da muss ich erst einmal mit Herrn Baumgartner sprechen, was da mit diesem Fahrrad eigentlich los ist. Ich melde mich dann bei Ihnen!"	
Kunde	„Nee, nee, nee, – so leicht lasse ich mich jetzt nicht abwimmeln, ich bestehe darauf, dass Sie mir ..."	
Mitarbeiter	„Sie müssen doch verstehen, dass ich mich erst informieren muss. Also, ich melde mich dann bei Ihnen."	
Kunde	„Das möchte ich Ihnen auch raten!"	„Ja, da bin ich noch im Büro – ich muss aber dann weg!"
Mitarbeiter	„Dann geben Sie mir doch ihre Telefonnummer!"	„Ist in Ordnung, dann notiere ich mir nur noch ihre Telefonnummer."
Kunde	„Ja, meine Nr. lautet: 089 45687..."	
Mitarbeiter	„Ja, hab ich mir notiert. Auf Wiederhören!"	„Ich wiederhole: 089 456 87... Ja, Herr Müller, dann hören wir spätestens in 20 Minuten wieder voneinander. Bis dann und danke für Ihren Anruf!"

Übung: Versetzen Sie sich in die Situation des unzufriedenen Kunden und hinterfragen Sie jede Beschwerdesituation

- Wie würde ich, aus Kundensicht, denken und empfinden?
- Was würde ich mir von diesem Unternehmen wünschen?
- Was würde mich zufriedenstellen?
- Wie müsste der Mitarbeiter sich verhalten, damit die Beziehungsebene wiederhergestellt ist?
- Womit könnte mich der Mitarbeiter angenehm überraschen?

Im Laufe der Zeit entdecken Sie eine Fülle an Potenzialen, die in einer Beschwerde stecken. Leiten Sie daraus Verbesserungsmaßnahmen ab. Beobachten Sie die Reaktionen Ihrer Kunden und sensibilisieren Sie auch Ihre Mitarbeiter für das Entdecken von Schwachstellen.

Der Beschwerdebericht

Kennen Sie alle Beschwerden Ihrer Kunden? Führen Sie interne Beschwerdeberichte? Gibt es in Ihrem Unternehmen einen Ort, wo die Beschwerdeberichte gesammelt werden und immer wieder nach Lösungswegen und Verbesserungen gesucht wird? Falls ja – herzlichen Glückwunsch!

Gerade Unternehmer, die in beratenden Berufsfeldern arbeiten, gehen häufig sehr nachlässig mit Beschwerdeeingängen um. Diese werden von den Mitarbeitern weder gesammelt noch wird nach Lösungswegen gesucht. Hier gehen Ihnen wertvolle Informationen verloren. Nur wenn Sie den Überblick über Ihre Schwachstellen im Unternehmen behalten, können Sie diese auch abschaffen. Denn es gibt zu viele Möglichkeiten für Beschwerdegründe, als dass Sie sich präventiv um alle Möglichkeiten kümmern können. Bei unserer 2008 durchgeführten Studie *Brennpunkt Steuerberater* gaben Mandanten, die sich schon einmal beschwert haben, über 30 verschiedene Ursachen an, allein die Top Five daraus sind zu umfangreich für umfassende Vorbeugemaßnahmen:

1. Fehlende Fachkompetenz

Die Hauptkritikpunkte waren schwerwiegende Mängel im Bereich der Fachkompetenz: Schlechte Aufklärung und unzureichende Beratung waren die meistgenannten Punkte.

2. Keine individuelle und „aktive" Beratung

Der Steuerberater versucht nicht von sich aus Themen anzusprechen, von denen er meint, dass sie dem Mandanten wichtig sein könnten. Ebenso weist er nicht oder nicht frühzeitig genug auf steuerliche Änderungen hin.

3. Zeitmangel/Zeitnot

Ein Kritikpunkt ist, dass der Steuerberater oftmals nur schwer zu erreichen sei. Auch würden die ständigen Terminverschiebungen des Steuerberaters das Zeitmanagement des Mandanten nachhaltig beeinträchtigen und teilweise zu zeitlichen Defiziten führen.

4. Falsches Preis-Leistungs-Verhältnis

Wie weiter aus der Studie entnommen werden kann, erachten viele Mandanten das veranschlagte Honorar ihres Steuerberaters als zu hoch. Der Grund dafür liegt oft an der Einschätzung der Mandanten, dass hier kein adäquates Preis-Leistungs-Verhältnis vorliege. Vermutlich lässt sich dies auf die angespannte wirtschaftliche Situation zurückführen sowie auch auf die fehlende Honorartransparenz.

5. Versäumnisse

Ein weiterer Beschwerdegrund liegt teilweise in nicht eingehaltenen Terminen sowie an der von manchen Mandanten bemängelten Unzuverlässigkeit einiger Steuerberater.

Zusätzlich zeigte die Befragung, dass manche Mandanten den Eindruck haben, ihr Steuerberater bereite sich auf das Mandantengespräch gar nicht oder viel zu wenig vor. (Auszug aus unserer jüngst durchgeführten Studie *Brennpunkt Steuerberater*, kostenloser Download unter *www.strassenberger.com*). Bleiben Sie deshalb über Art und Umfang der Beschwerden auf dem Laufenden. Ein kurzer, stichwortartiger Bericht reicht völlig aus.

Folgende Angaben sind dabei zu berücksichtigen:

Checkliste: Beschwerdebericht					
Beschwerdegrund					
Wie	☐ telefonisch	☐ persönlich	☐ schriftlich		
Häufigkeit	☐ 1. Beschwerde	☐ 2. Beschwerde	☐ 3. Beschwerde		
Sachverhalt					
Wunsch des Kunden					
Ist-Zustand					
Lösung					
Wiedergutmachung (Wow-Effekt)					
Kundenzufriedenheit	☺☺☺	☺☺	😐	☹☹	☹☹☹
Name/Adresse					
Aufgenommen am		von:			
Beschwerde bearbeitet innerhalb von	☐ einem Tag	☐ zwei Tagen	☐ drei Tagen		
Erledigt am		von:			

Mein Tipp: Führen Sie ein Feedback-Tagebuch ein!

In ein Feedback-Tagebuch werden alle Kundenaussagen eingetragen – positive sowie negative. Der Vorteil liegt auf der Hand: Sie können dadurch einen Blick durch die Kundenbrille werfen und erhalten so Informationen über Ihre Außenwirkung. Mit solch einer simplen Methode können Sie sehr schnell Ihre Stärken bzw. Ihre Schwächen aus der Sicht des Kunden kennenlernen. Sie werden über das Ergebnis erstaunt sein – lassen Sie sich überraschen!

Achtung: Schwer einführen lässt sich ein Feedback-Tagebuch, wenn Sie oder Ihre Mitarbeiter einen Fehler schwer annehmen können und ein Anti-Fehler-Memo verinnerlicht haben. (Wenn Fehler als etwas sehr Schlimmes angesehen werden und die Einstellung herrscht, dass man gar keine Fehler macht!)

Da empfehle ich Ihnen die Kundenaussagen (Feedback-Tagebuch) in eine Datei Ihres Computers eintragen zu lassen. Legen Sie sich einen Ordner im PC an, zu dem jeder Mitarbeiter Zugang hat. So bleibt die Anonymität gewahrt, und Sie erhalten dennoch die wertvollen Ergebnisse. Außerdem haben Sie so alle Erkenntnisse an einer zentralen Stelle gespeichert und sind sofort in der Lage, entsprechende Maßnahmen zu ergreifen.

Kann man unzufriedene Kunden immer zufriedenstellen?

Diese Frage kann ich ganz klar mit „Nein!“ beantworten. Es gibt nichts Hundertprozentiges auf dieser Welt. Das gilt für das Thema Sicherheit und das gilt ebenso für die Kundenzufriedenheit. Jedem Autofahrer ist bewusst, dass im Straßenverkehr immer etwas Unvorhergesehenes passieren kann. Er würde deshalb nie auf die Idee kommen, Unmögliches zu verlangen. Aber es kann immer ein bisschen mehr getan werden als unbedingt nötig: Eine Information hier, eine Hilfestellung da – eine kostenlose Aufmerksamkeit, die der Kunde positiv in Erinnerung behält.

Fragen, die Sie sich stellen sollten

Stellen Sie sich ein paar Fragen und geben Sie sich auch gleich selbst die Antworten dazu. Sie erkennen daran sofort, wo etwas schon zufriedenstellend funktioniert und wo es noch im Argen liegt. Handeln Sie entsprechend. Es lohnt sich.

Fragen, die Sie sich stellen sollten		JA	NEIN
1.	Wird der Stellenwert einer Beschwerde in Ihrem Unternehmen hoch eingestuft?	☐	☐
2.	Wie gehen Sie heute damit um? Professionell (qualifizierte Mitarbeiter)?	☐	☐
3.	Ist den Mitarbeitern bewusst, dass zufriedene Kunden immer dann ans Unternehmen gebunden werden, wenn auch die Nachbetreuung der Beschwerde stimmt?	☐	☐
4.	Verführt die derzeitige Firmenpolitik den Mitarbeiter dazu, Beschwerden aus dem Weg zu gehen?	☐	☐
5.	Verfügen Sie über ein Instrument der regelmäßigen Kundenbefragung?	☐	☐
6.	Wie gehen Sie mit Informationen um, die Mitarbeiter im Kontakt mit dem Kunden gewinnen? Werten Sie die Erkenntnisse aus?	☐	☐
7.	Optimieren Sie die internen Prozesse, wenn diese häufig zu einer Beschwerde führen?	☐	☐
8.	Ermuntern Sie den Kunden, sich zu beschweren, wenn ihm etwas gegen den Strich geht?	☐	☐
9.	Verfügen Sie über eine Beschwerdeauswertung/-statistik?	☐	☐
10.	Wissen Sie, wie viele Kunden Sie im letzten Jahr verloren haben?	☐	☐

Jede mit „Nein“ beantwortete Frage deutet auf ein mögliches Problem hin. Daraus erkennen Sie, wo in Ihrem Unternehmen etwas zu optimieren ist. Zögern Sie die weiteren Schritte nicht hinaus. Fangen Sie sofort damit an.

Der Kunde will nur Profit!

Von Zeit zu Zeit hören Sie auch vollkommen aus der Luft gegriffene Beschwerden, und zwar immer dann, wenn der Kunde einen Profit erzielen möchte. Doch sind diese Beschwerden eher selten anzutreffen, da die meisten Menschen letztendlich doch zu ehrlich dafür sind.

Treten unberechtigte Beanstandungen doch einmal auf, so prüfen Sie, ob der Kunde auf dem Weg der Kulanz zufriedengestellt werden kann. Dabei behandeln Sie den Fall wie eine ganz normale Beschwerde. Stellen Sie sich die Frage:

Was ist mir der Kunde wert? Wie viel Kulanz zahlt sich aus?

Die Frage ist durchaus komplex und deshalb so schwer zu beantworten, weil sie von vielen unbekannten Variablen abhängt. Seit Jahren streiten sich Experten aus Wissenschaft und Praxis um den richtigen Weg zur Bewertung eines Kunden. Es gibt verschiedene Ansätze, die Rentabilität und den „Wert“ eines Kunden zu berechnen. Für die Praxis, wie im vorliegenden Fall im Rahmen einer Kulanz, sind daher schnelle und einfach anwendbare Bewertungsmethoden vonnöten. Dazu empfehle ich Ihnen folgende Methode:

Die Berechnung des Wertes eines Kunden		
Durchschnittlicher Jahresumsatz des Kunden	______	Euro
Durchschnittliche Umsatzrendite	× ______	Prozent
Durchschnittliche Dauer der Kundenbeziehung	× ______	Jahre
Durchschnittlicher Gesamtgewinn	______	**Euro**

Beispiel: *Ein Kunde beschwert sich bei einer Druckerei über vermeintliche Fehlfarben. Obwohl die Druckerei den Fehler nicht erkennen kann, gewährt der Geschäftsführer dem Kunden, der offensichtlich auf Profit aus ist, 20 Prozent Rabatt auf die Rechnung. Der Beweggrund für diese Kulanz ist, dass dieser Kunde seit zehn Jahren der Druckerei regelmäßig Aufträge in beträchtlicher Höhe erteilt und am Ende des Jahres ein großer Auftrag in Aussicht steht.*

Weiterhin gilt zu berücksichtigen, dass Altkunden im Durchschnitt einem Unternehmen größere Aufträge erteilen als Neukunden. Dabei ist die hektische Jagd nach Neukunden teurer als die Pflege eines Altkunden. Es kostet Sie neben Ausgaben für Werbung auch eine deutlich erhöhte Arbeitszeit für Überzeugungsarbeit. Sie müssen dem Kunden beweisen, dass Sie leistungsfähig und zuverlässig arbeiten. Der Aufwand für solche vertrauensbildenden Maßnahmen ist hoch.

Werfen Sie einmal einen Blick über den „großen Teich" und lassen Sie sich von nachfolgender Servicestrategie für Kundenpflege inspirieren:

Eine außergewöhnliche Servicestrategie!

Ein amerikanisches Schuhfachgeschäft hatte sich vor Jahren etwas ganz Besonderes einfallen lassen. Jeder Kunde, der in diesem Geschäft Schuhe kaufte, erhielt automatisch drei Jahre lang Garantie. Egal, ob fehlerhaft, abgetragen oder ausgetreten, die Schuhe wurden sofort umgetauscht. Ohne Wenn und Aber! Vielleicht fragen Sie sich, ob das Geschäft heute noch existiert? Ja, das Geschäft ist sogar rapide gewachsen. Wie kann so etwas passieren? Nicht nur Sie waren über diesen Service mit dem „Wow-Faktor" positiv überrascht, sondern auch die amerikanischen Kunden. Die Mund-zu-Mund-Propaganda funktionierte grandios, sodass das Geschäft förmlich von Kunden gestürmt wurde.

Strategie 1:
Hier wurde kein einziger Dollar für teure Werbekampagnen ausgegeben. Das Unternehmen setzte voll auf die positive Mundpropaganda, was hervorragend funktionierte. Im Vergleich zu den konventionellen Praktiken ist diese Art von Werbung immer noch billiger als teure Werbekampagnen. Gerade bei Dienstleistungen ist die Weiterempfehlung die wirksamste Maßnahme, um neue Aufträge zu gewinnen, und genießt die höchste Glaubwürdigkeit.

Strategie 2:
Hier setzt das Unternehmen auf die gute Erziehung des Kunden, was sicherlich nicht immer gelingt. Die Käufer haben das beruhigende Gefühl, dass Sie bis zu drei Jahre nach dem Kauf der Schuhe das volle Umtauschrecht haben, sie fühlen sich bei diesem Kaufvertrag im Vorteil. Aber: Hand aufs Herz – würden Sie Ihre bereits „ausgelatschten" Schuhe wirklich in dieses Fachgeschäft tragen und auf den Kassentisch legen mit den Worten: „Ich reklamiere"? Wer kann das schon? – Nur wenige!

Übrigens: Das Unternehmen kennt mittlerweile die reklamierenden Kunden schon namentlich. Es sind nur wenige – und immer die Gleichen!

Strategie 3:
Was die Kunden nicht wissen: Die Kosten der Beanstandungen sind im Preis bereits einkalkuliert. Meine Seminarteilnehmer stellen beim Thema Beschwerdemanagement immer wieder die Frage, inwieweit man seinen Kunden trauen kann? Wie viel Kontrolle ist notwendig, um festzustellen, ob die Beschwerde berechtigt ist? Mein seit 18 Jahren erfolgreich angewandter Grundsatz ist hierbei: Bedingungsloses Vertrauen in den Kunden! 1991 formulierte ich – zugegeben mit etwas Bauchweh – eine Vertrauensgarantie für meine Kunden. Ist ein Teilnehmer mit dem Seminar nicht zufrieden, erhält er die volle Gebühr zurück – ohne Wenn und Aber! In meinem Bekannten- und Kollegenkreis wurde diese Garantie skeptisch beäugt. Die oft

geäußerte Befürchtung, dass die dadurch erzeugten Kosten immens sein würden, ist bis heute nicht eingetroffen. Im Gegenteil, für viele Interessenten war das ein entscheidendes Teilnahmeargument, weil sie nicht die Katze im Sack kaufen mussten. Durch die vielen Weiterempfehlungen meiner „Seminare mit Rückgaberecht" hat sich dieses Vorschussvertrauen mehr als gelohnt. Dank des damit verbundenen hohen Kundenzuwachses habe ich mittlerweile sogar die Namen der zwei Kunden vergessen, die letztlich den Garantiefall in Anspruch nahmen.

Die unberechtigte Beschwerde

Natürlich gibt es auch unberechtigte Beschwerden. Es bestehen immer zwei Möglichkeiten, warum der Kunde sich so verhält:

1. Der Kunde plant einen Wechsel (Abspringvorwand).
2. Der Kunde möchte Profit erzielen.

Diffuse Klagen als Abspringvorwand

Je länger man den Kunden kennt, desto berechenbarer wird er. Entweder meckert er ständig an den Preisen herum, erzählt von den tollen Leistungen, die es bei der Konkurrenz gibt, oder legt eine andere Eigenart an den Tag. Sie wissen also im Regelfall, was Sie erwartet, wenn Sie mit ihm Kontakt haben.

Bleiben Sie dennoch ein aufmerksamer Zuhörer, damit Ihnen nicht entgeht, wenn sich auf einmal ganz neue Töne einschleichen. Die plötzliche Klage über die Qualität Ihrer Leistung, die Meckerei darüber, dass alles einfach nicht mehr so passt und andere Belanglosigkeiten, die nun zu einem „eklatanten Problem" hochgeschaukelt werden, auf die aber beim Nachfragen nicht weiter eingegangen wird.

Was hier wirklich im Hintergrund abläuft, ist die Vorbereitung des „Absprungs". Der Kunde *„bastelt"* sich eine Rechtfertigung für einen Wechsel zurecht, und da bei dieser Art von Beschwerde meistens die Fakten fehlen, haben Sie auch keine Chance zu reagieren.

Um eine derart irrationale Beschwerde zumindest ein Stück weit zu verstehen, empfehlen sich folgende Aktionen:

Hinterfragen Sie die Beanstandung
- Wo liegt das Qualitätsproblem?
- Was genau ist passiert?
- Was wird ganz konkret bemängelt?
- Was hat der Kunde schon dagegen unternommen?

Achten Sie beim Hinterfragen der Beanstandung, dass Sie Ihren Kunden keinesfalls „verhören". Sie zerstören jede Vertrauensbasis, wenn er sich als Lügner ertappt fühlt. Sagen Sie dem Kunden, wie ernst Sie seine Klage nehmen, und versprechen Sie ihm, den nächsten Auftrag ganz besonders sorgfältig in Augenschein zu nehmen. Stellen Sie Nachforschungen an, ob die Beschwerde nicht doch berechtigt ist.

Sind Sie sich sicher, dass die Unzufriedenheit des Kunden keinen haltbaren Hintergrund hat, so stufen Sie ihn als *schwierigen Kunden* ein. Überprüfen Sie die Kundenbeziehung auf Abwanderungsgedanken und bewerten Sie die Rentabilität (lohnt es sich, um den Kunden zu kämpfen?) – siehe hierzu auch den Abschnitt: *Was ist mir der Kunde wert?*

Und was ist mit den Dauernörglern?

Zum Glück gibt es nur wenige Kunden, die jeder kennt und die keiner mag: Kunden, die ständig nörgeln, die sogenannten „Dauernörgler". Diese Spezies ist nicht zu verwechseln mit den anspruchsvollen Kunden, die oft nur unbequem und ungeduldig sind.

Was sind „Dauernörgler"?

Es sind ganz eindeutig Kunden,

- die so lange nach einem Fehler suchen, bis sie Erfolg haben.
- die für jeden (selbst für den geringfügigsten) Fehler eine überzogene Forderung stellen und auch erwarten, dass Sie erfüllt wird.
- die Sie ständig unter Beschuss nehmen und sich immer im Recht fühlen.
- die kein angemessenes Verhalten Ihnen gegenüber zeigen und Sie zweitklassig, gar abwertend behandeln – sie denken, sie seien etwas Besonderes oder Besseres.

Dauernörgler sind in der Regel für das Unternehmen unrentabel!

Da war er wieder, der mit dem Uhrentick. Alle nannten ihn mittlerweile so. Vom Lehrling bis zum obersten Chef. Nur einer kannte ihn noch nicht, und das wurde ihm zum Verhängnis, denn als man das Unheil kommen sah, waren sich alle ohne Worte einig.

„Den Uhrenticker übernimmst diesmal du!", sagte der stellvertretende Abteilungsleiter.

„Welchen Uhrenticker?", fragte der ahnungslose Lehrling.

„Den Typen da mit dem grünen Jägerhut."

„Ach, und warum?"

„Du musst was lernen."

„Und was?"

„Dass der Kunde König ist."
„Aber das weiß ich doch schon."
„Na, dann viel Spaß dabei."

Wo sich eben noch eine ganze Horde unterhalten hatte, stand Lehrling Max auf einmal ganz alleine zwischen den tickenden Uhren der Kaufhausabteilung im Erdgeschoss. Und er ahnte Unheilvolles. Sonst hätten sich die anderen nicht so schnell aus dem Staub gemacht.

„Ich habe eine Beschwerde!", donnerte ihm da auch schon der grüne Jägerhut entgegen. Diese Uhr tickt nicht richtig."
„Ach …", staunte Max.
„Entweder gibt es einen Preisnachlass oder ich beschwere mich bei der Verbraucherzentrale!"
„Preisnachlass, … eh, was ist denn kaputt?"
„Das ist die schlechteste Verarbeitung von einer Uhr, die ich jemals zu Gesicht bekommen habe!"
„Tatsächlich?"
„Ich bin Uhrmacher im Ruhestand – jawohl! Ich weiß also, wovon ich spreche."

Lehrling Max war völlig überfordert. Er schaute sich hilfesuchend um, doch da war niemand. Deshalb wagte er zu fragen: „Warum machen Sie sich dann Ihre Uhren nichts selbst?"

Dass diese Frage ein Fehler war, merkte er sogleich. Der grüne Jägerhut plusterte sich auf, als würde er gleich platzen. „Du unverschämter Lümmel!", wetterte der Kunde los. „Ich werde mich …"
„Beschweren?" fragte eine Stimme.

Der Mann mit dem grünen Jägerhut drehte sich nach dem Frager um, Lehrling Max atmete erleichtert aus und der stellvertretende Abteilungsleiter schaute den Kunden mit einem freundlichen Gesicht an.
„Jawohl – beschweren!", trompetete der Kunde los und wollte gerade seinen Angriff starten, als sein neues Gegenüber mit folgenden Worten unterbrach: Herr Kunde, Sie haben vollkommen recht. Sie haben nun schon so viele Uhren bei uns gekauft und jedes Mal hatten Sie nur Unannehmlichkeiten. Selbstverständlich nehmen wir Ihre Uhr zurück und wir bedauern sehr die Umstände, die Sie mit uns hatten. Bitte probieren Sie es doch einfach einmal beim Uhren Schmidt um die Ecke, vielleicht kann er Ihnen weiterhelfen. Vielen Dank für Ihr Verständnis!"

Ohne Frage handelt es sich in diesem Fallbeispiel um eine Ausnahmebegegnung, die zum Glück sehr selten vorkommt. Sie ernten nur Ärger, und nicht zu vergessen ist der enorme Zeitverlust, der Ihnen hierbei entsteht. Deshalb, wägen Sie ganz genau ab, um welchen Dauernörgler es sich hier handelt. Das Motto lautet zwar: Den Kunden zu behalten ist schön – aber nicht um jeden Preis.

Maßnahmeplan: Drei Schritte zu einem außergewöhnlichen Beschwerdemanagement

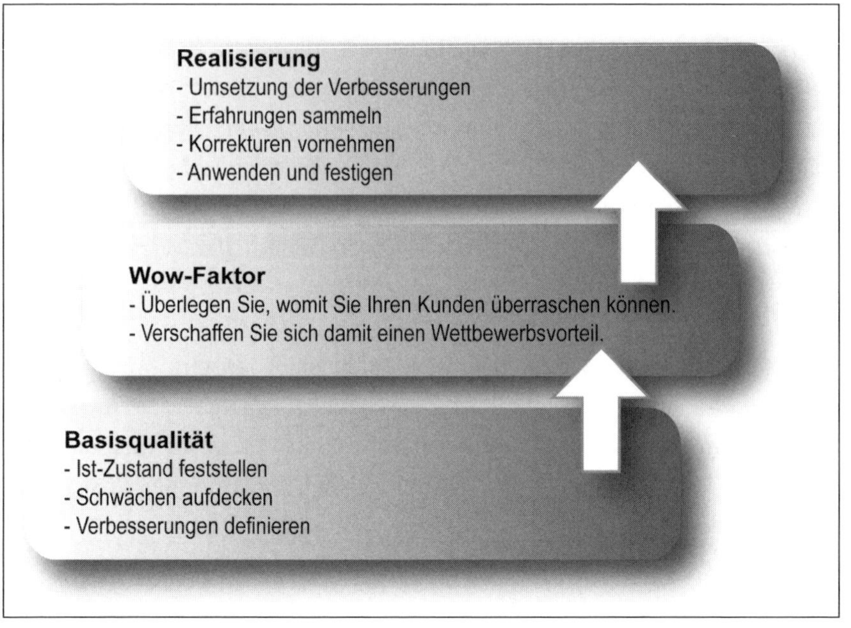

Abbildung 10: Drei Schritte zu einem außergewöhnlichen Beschwerdemanagement

1. Stellen Sie Ihren Ist-Zustand fest:

- Gehen Sie anhand der einzelnen Punkte des Kapitels daran, Ihr momentanes Beschwerdemanagement zu beurteilen.
- Halten Sie die von Ihnen ausgemachten Schwachstellen schriftlich fest.
- Planen Sie zunächst zu maximal fünf Schwachstellen Verbesserungen. (Die Welt wurde auch nicht an einem Tag erschaffen, versuchen Sie deswegen nicht, alles auf einmal zu verbessern)

2. Der Wow-Faktor

- Suchen Sie mindestens eine Möglichkeit, wie Sie Ihren Kunden mit einem kleinen Extra überraschen können. Die meisten Ihrer Konkurrenten beschränken sich auf das, was getan werden muss. Gehen Sie lieber außergewöhnliche Wege. Mit einer kleinen Überraschung zeigen Sie Ihrem Kunden, dass Sie mehr für ihn tun – das verschafft Ihnen den entscheidenden Wettbewerbsvorteil.

3. Die Realisierung

- Legen Sie den Termin zur Realisierung der Maßnahme sowie zur Ergebnisüberprüfung fest.
- Informieren Sie alle Mitarbeiter über die Umsetzung der Maßnahme, sodass diese aktiv werden können.
- Überprüfen Sie in regelmäßigen Anständen das Ergebnis.
- Veranstalten Sie mit Ihren Mitarbeitern regelmäßige Treffen, um die aktuellen Ergebnisse zu präsentieren und um Erfahrungen auszutauschen.
- Nehmen Sie bei Bedarf Korrekturen (Feinjustierungen) vor.
- Die neu erworbene Erkenntnis wird ein fester Bestandteil im Arbeitsprozess Ihres Unternehmens.

So können Sie Schritt für Schritt Ihr Unternehmen optimieren und die erkannten Fehler nach und nach eliminieren. Führen Sie in jedem Fall in regelmäßigen Abständen eine Basisanalyse durch.

4.

Selbstmanagement, klare Strukturen, Delegation und Führung – Erfolgsgesetze außergewöhnlicher Kundenbetreuung

Erstklassige Kundenbetreuung beginnt mit Selbst-Management. Nur durch professionelles Arbeitsmanagement bleibt ausreichend Zeit für gute und herzliche Kundenkontakte. Zahlreiche Teilnehmerinnen unserer SKT-zertifizierten Ausbildung zur Kanzleimanagerin berichten von ihren Erlebnissen aus der Praxis, die auch in dieses Buch einfließen. So betreute beispielsweise eine junge Frau aus München neben üblichen Buchhaltungsaufgaben die Teeküche sowie die Zentrale. Als sie ihrem Chef und einem Mandanten Kaffee servierte, läutete das Telefon. Wieder an der Zentrale angekommen, hatte der Anrufer inzwischen frustriert aufgelegt. Eines vieler Beispiele, die aufzeigen: Erst durch den gezielten Umgang mit der Arbeitszeit und einem strukturierten Ablauf – den beiden wichtigsten Elementen des Zeitmanagements – sind Sie in der Lage, Ihre Klienten und Mandanten optimal zu betreuen. Darüber hinaus spürt der Kunde unbewusst sofort, ob er es mit Profis oder Amateuren zu tun hat. Viele kleine Teile – wie freundliche Telefonannahme, übersichtliche Rechnungslegung, flexible Bürozeiten – füllen das große Puzzle „Außergewöhnliche Kundenbetreuung" mit Leben. Damit aus Kundenzufriedenheit letztendlich Kundenbegeisterung wird, müssen Sie die anfallenden Aufgaben richtig und kompetent managen. Die „Werkzeuge" dafür finden Sie im folgenden Kapitel *„So viel Planung wie nötig – so viel Spontaneität wie möglich"*.

4.1 So viel Planung wie nötig – so viel Spontaneität wie möglich

Auf dem Schreibtisch stapeln sich die Unterlagen, das Telefon klingelt permanent und der Drucker müsste ganz schnell repariert werden – ein ganz normaler Arbeitsalltag eben.

Es ist nicht immer leicht, alle Arbeitsfelder unter einen Hut zu bekommen. Der Satz „Ich habe keine Zeit!" ist deshalb mehr als verständlich. Ihr Gegenüber gewinnt durch diese Aussage den Eindruck eines völlig überforderten und gestressten Menschen. Die Hauptursache liegt meist in der Tatsache, dass sowohl Führungskräfte als auch Mitarbeiter häufig zu viel auf einmal erledigen wollen und dabei Wichtiges von Unwichtigem schwer unterscheiden können. Hier sorgt ein gut strukturierter Tagesplan für Entlastung. Deshalb schaffen Sie Abhilfe und strukturieren Sie Ihren Tag, indem Sie einen Tagesplan erstellen.

Optimale Planung erfolgt schriftlich; am besten kurz vor dem Feierabend. Um nichts zu vergessen, übertragen Sie alles, was Sie an diesem Tag nicht erledigt haben, auf den nächsten Tag. Ein weiteres Argument spricht für die Planung am Vorabend. Haben Sie den folgenden Arbeitstag bereits strukturiert, sind Sie leichter in der Lage abzuschalten. Keine wichtigen, unerledigten Dinge belasten gedanklich Ihren Feierabend.

Vorteile einer schriftlichen Planung:

1. Sie entlasten Ihr Gedächtnis.
2. Sie behalten einen besseren Überblick über Ihre Zeitplanung.
   Darüber hinaus lernen Sie auch Ihren Zeitbedarf für verschiedene Tätigkeiten besser einzuschätzen.
3. Das Aufschreiben stärkt gleichzeitig die Selbstmotivation („Das möchte ich noch alles schaffen").

4. Es fällt Ihnen leichter, sich auf etwas zu konzentrieren, weil Sie nicht dauernd überlegen, was Sie dringend noch tun müssen. Sie verzetteln sich auch nicht, indem Sie versuchen mehrere Dinge gleichzeitig zu tun.
5. Sie haben die Kontrolle, sodass Unerledigtes nicht verloren geht.
6. Es wird Sie motivieren, wenn Sie Ihren Erfolg dokumentiert sehen anhand der erledigten Punkte auf Ihrer To-do-Liste.
7. Sie sparen wichtige Arbeitsenergie, da Sie kein innerliches Chaos empfinden, und sind so weniger angespannt.

Die To-do-Liste

Eine To-do-Liste ist ein hilfreiches Werkzeug, um Aufgaben und Projekte zu planen und zu verwalten. To-do-Listen sind hervorragende Kontrollinstrumente, an denen Sie die noch ausstehenden Tätigkeiten schnell ablesen können. Die einfachen Aufgabenlisten sind im Büroalltag zu unentbehrlichen Helfern geworden. Experimentieren Sie mit den unten aufgeführten Modellen für To-do-Listen und finden Sie die optimale Liste für Ihre Arbeit. Am effektivsten erstellen Sie eine solche Liste in einer (Excel-)Tabelle.

Hinweis: Routineaufgaben wie Post- und Mailbearbeitung, Wiedervorlage, Mandatannahme, Aktenablage, also Standardtätigkeiten, die Sie in zwei bis drei Minuten erledigen können, haben auf einer To-do-Liste nichts zu suchen. Die Liste wird damit nur unnötig „aufgeblasen“ und somit unübersichtlich.

Die **einfachste Form** einer To-do-Liste umfasst zwei Spalten und sorgt dafür, dass Sie das Ziel nicht aus den Augen verlieren. Es werden feste Termine gesetzt, die es einzuhalten gilt. Erledigte Aufgaben werden durchgestrichen oder mit einem Häkchen versehen.

Aufgabe	Termin

Die **erweiterte Form** einer To-do-Liste beinhaltet noch eine zusätzliche Spalte für den voraussichtlichen Zeitbedarf der Aufgabenerledigung. Hier geht es in erster Linie um die (Selbst)-Einschätzung des Zeitaufwandes der Aufgabe.

Aufgabe	Zeitbedarf	Termin

Die **komplexe Form** einer To-do-Liste enthält darüber hinaus noch eine weitere Spalte für die Priorität der Aufgabe. Erfassen Sie die noch zu erledigenden Aufgaben in der Reihenfolge der Prioritäten, so entsteht die sogenannte Prioritätenliste. Ordnen Sie jedoch die Aufgaben nach ihrer vorgesehenen Erledigung, so entsteht ein erster Arbeitsplan.

Aufgabe	Priorität	Zeitbedarf	Termin

Im Wochenplan werden alle Termine, Ziele, Aufgaben und Tagesprioritäten einer Woche eingetragen.

To-do-Liste				
Montag	Dienstag	Mittwoch	Donnerstag	Freitag

Samstag	Sonntag		ständig	künftig

Planen mit der ALPEN-Methode

Eine vergleichsweise einfache und wirkungsvolle Art, seinen Tagesablauf zu planen und zu strukturieren, ist die ALPEN-Methode. Mit dieser Methode (nach Lothar J. Seiwert, *Das neue 1 × 1 des Zeitmanagement*) benötigen Sie pro Tag nur wenige Minuten für Ihre Planung.

Folgende fünf Elemente sind dabei entscheidend:

A ufgaben auflisten
L änge festlegen
P ufferzeiten einplanen
E ntscheidungen treffen
N achkontrolle

1. Aufgaben, Termine und geplante Aktivitäten auflisten

Im ersten Schritt werden alle anstehenden Aufgaben, Termine und Aktivitäten schriftlich aufgelistet. So eine Aufgabenliste oder To-do-Liste ist eine große Hilfe im täglichen Aufgabendschungel und das Herzstück jeder Planung. Stellen Sie dabei folgende Überlegungen an:

- Welche Aufgaben und Aktivitäten stehen an?
- Welche Termine müssen wahrgenommen werden?
- Welche Telefonate und Korrespondenzen müssen erledigt werden?

2. Länge festlegen

Schätzen Sie den voraussichtlichen Zeitaufwand zur Erledigung Ihrer einzelnen Aufgaben oder Aktivitäten. Da es leicht zu Fehleinschätzungen kommen kann, kalkulieren Sie anfangs lieber etwas mehr Zeit ein. Ein realistisches Abschätzen des Aufwandes gelingt Ihnen, wenn Sie die Aufgaben und die einzelnen dazugehörigen Tätigkeiten genau kennen. Gerade große und komplexe Aufgaben in kleine überschaubare Teilaufgaben zu zerlegen, verschafft Ihnen einen besseren Überblick und die Aufgaben erscheinen nicht mehr so gewaltig. Ein realistisches Abschätzen des Aufwandes gelingt Ihnen,

- wenn Sie schon Erfahrungswerte bezüglich der Dauer der einzelnen Aufgabenstellungen sammeln konnten.
- wenn Sie sich selbst gut einschätzen können.
- wenn Sie genügend Pufferzeiten einplanen.

Tipp

Sie werden immer so viel Zeit für eine Aufgabe benötigen, wie Sie zur Verfügung haben. Zum einen werden Sie ohne ein zeitliches Limit nicht so konzentriert und fokussiert arbeiten, zum anderen wird der Perfektionist in Ihnen Sie dazu bringen, so lange wie möglich an einer Aufgabe zu arbeiten, um ein bestmögliches Ergebnis zu erzielen. Geben Sie sich deshalb immer eine Zeit vor.

3. Pufferzeiten einplanen

Es ist durchaus üblich, dass die geplante Zeit nicht ausreicht, da Störungen und unvorhergesehene Ereignisse jederzeit auftreten können oder weil man schlichtweg zu wenig Zeit für eine bestimmte Aufgabe eingeplant hat. Ohne Pufferzeiten lässt sich eine gute Planung schwer realisieren.

Daher ist es sinnvoll, lediglich 60 Prozent der zur Verfügung stehenden Zeit fest zu verplanen. Die restlichen 40 Prozent sind für unerwartete und spontane Aktivitäten reserviert, wie zum Beispiel unangemeldete Besucher, das Nachfüllen von leeren Druckerpatronen etc. ...

Falls Sie dennoch mit der Zeitplanung nicht zurechtkommen, so lässt sich dies meist auf andere Ursachen zurückführen. Dabei möchte ich nur einige erwähnen:

- Sie werden ständig bei Ihrer Arbeit unterbrochen.
- Sie ignorieren die Pausen und arbeiten durch. Denken Sie daran, dass Ihre Leistungskurve nach circa 45 Minuten rapide abfällt. Sie sind nicht mehr voll aufnahmefähig.
- Sie benötigen anfangs mehr Zeit zur Einarbeitung, die in Ihrer Planung unberücksichtigt blieb.
- Sie arbeiten gegen Ihren eigenen Biorhythmus.

Sind all dies nicht die Gründe, so nehmen Sie Ihren Tagesplan noch einmal zur Hand:

- Lassen sich auf Ihrer To-do-Liste geplante Aufgaben in Teilaufgaben zerlegen?
- Können Sie Aufgaben und Termine auf den nächsten Tag verschieben?
- Besteht die Möglichkeit, Termine abzusagen oder Aufgaben zu streichen? (Scheuen Sie sich nicht davor, denn im Krankheitsfall ist eine Terminabsage unumgänglich.)
- Lassen sich Aufgaben delegieren?

Mit dieser Maßnahme verschaffen Sie sich zunächst einmal wieder mehr Überblick!

4. Prioritäten setzen

Bringen Sie die anstehenden Aufgaben in eine effektive und effiziente Rangfolge. Was ist wichtig, was weniger? Die ABC-Analyse kann Sie bei der Unterscheidung zwischen Wesentlichem und Unwesentlichem unterstützen.

A-Aufgaben sind wichtig und gleichzeitig auch dringend. Dabei hat die Wichtigkeit immer mit dem Erreichen eines Zieles zu tun und die Dringlichkeit mit einem Zeitpunkt bzw. Termin. Das kann zum Beispiel eine Aufgabe sein, deren Termin in einer knappen Stunde stattfindet. A-Aufgaben lassen sich nicht delegieren, sie müssen selbst von Ihnen erledigt werden und dies tun Sie am besten sofort. Wenn möglich, stimmen Sie Termine für A-Aufgaben mit Ihrer persönlichen Leistungskurve ab, um ein effektives Arbeiten zu gewährleisten.

Die B-Aufgaben hingegen haben eine hohe Wichtigkeit, sind aber nicht so dringlich wie A-Aufgaben. Falls Sie die Möglichkeit haben, delegieren Sie diese Aufgaben an Mitarbeiter. Zu den B-Aufgaben zählen beispielsweise Routineaufgaben.

Die C-Aufgaben sind weder wichtig noch dringlich und sollten möglichst schnell und ohne größeren Zeitaufwand erledigt werden. Delegieren Sie diese Aufgaben weitgehend und prüfen Sie vorab, ob diese Aufgaben überhaupt erledigt werden müssen. So können Sie zum Beispiel Umfragen, an denen Sie nicht teilnehmen möchten, bedenkenlos in der „Rundablage" entsorgen.

Da sich sowohl die Dringlichkeit als auch die Wichtigkeit von Aufgaben jederzeit verändern kann (zum Beispiel durch veränderte Rahmenbedingungen), sollten Sie die Einstufung von Aufgaben bezüglich dieser Kriterien regelmäßig überprüfen.

Zugegeben, was in der Theorie so einleuchtend klingt, ist in der Praxis manchmal gar nicht so einfach. Wenn die Entscheidung, was auf Ihrer Liste Priorität hat, Ihnen schwerfällt, können Sie es mit folgender Hilfsfrage versuchen:

Wenn Sie nur die Hälfte Ihrer Arbeitszeit zur Verfügung hätten,

- welche Aufgaben würden Sie weiterhin erledigen?
- welche Aufgaben würden Sie einschränken?
- welche Tätigkeit würden Sie delegieren?
- welche Tätigkeit würden Sie streichen?
- welche Termine würden Sie wahrnehmen?
- welche Termine würden Sie absagen?

Achten Sie darauf, dass Sie in Zukunft immer genügend Zeit für die wirklich wichtigen Aufgaben haben, die Sie Ihren Zielen näher bringen. Prüfen Sie genau, welchen Stellenwert die jeweilige Tätigkeit für Sie hat, und entscheiden Sie erst dann, wie Sie weiter vorgehen möchten: ausführen, delegieren oder sogar streichen.

5. Nachkontrolle

Im letzten Schritt kontrollieren Sie den Tagesablauf. Wie präzise war die Planung? Konnte alles erledigt werden? Nicht ausgeführte Aufgaben werden sofort auf den nächsten Tag übertragen, das heißt aber nicht, dass Sie Aufgaben unnötig vor sich her schieben sollten. (Quelle: Tiki Küstenmacher; Werner und Lothar J. Seiwert, *Simplify your Life: Einfacher und glücklicher leben.* Campus Verlag, Frankfurt/Main 2001/2004)

Strategische Planung

Während Sie mit der ALPEN-Methode die Planung der täglichen anfallenden Aufgaben strukturieren, sollten Sie langfristige Ziele nicht aus den Augen verlieren. Um diese zu planen, benötigen Sie deutlich mehr Zeit. Die sogenannte strategische Planung bezieht neben Ihrem Berufsleben auch Ihr Privatleben mit ein.

Reservieren Sie sich zunächst wöchentlich eine Stunde und einmal im Monat einen längeren Zeitraum, um Ihre Ziele zu formulieren und Strategien für Ihr Leben in den nächsten Wochen, Monaten und Jahren zu entwickeln.

Es ist hilfreich, zunächst mit einem Rückblick zu beginnen. Betrachten Sie Ihre Vergangenheit unter dem Aspekt von Erfolgen und Missgeschicken. Entscheiden Sie, welche Entwicklung so weitergeführt werden kann und wo Sie noch nachbessern müssen. So schaffen Sie einen Ausgangspunkt für die auf Ihre Person bezogenen Planungen und Zielvereinbarungen. Gehen Sie dabei von langfristigen Zielen aus und planen Sie deren Umsetzung in kleinen Schritten:

Die Jahresplanung

Notieren Sie sich auf einer Liste spontan alle Ziele, die Sie gerne erreichen wollen. Wählen Sie daraus maximal fünf Punkte aus, die Sie sich definitiv für das nächste Jahr vornehmen. Natürlich können sich später noch andere Ziele ergeben oder Sie müssen durch veränderte Rahmenbedingungen Ihre Ziele nochmals anpassen (siehe Abbildung 11 auf Seite 178).

Die Monats-/Wochenplanung

Teilen Sie den Weg zu Ihren Zielen in kleine Schritte ein, die Sie in Ihre Monats-/Wochenplanung aufnehmen. Denken Sie daran, regelmäßig zu prüfen, was gut gelaufen ist und wo Sie noch Verbesserungen vornehmen müssen (siehe Abbildung 12 auf der folgenden Seite).

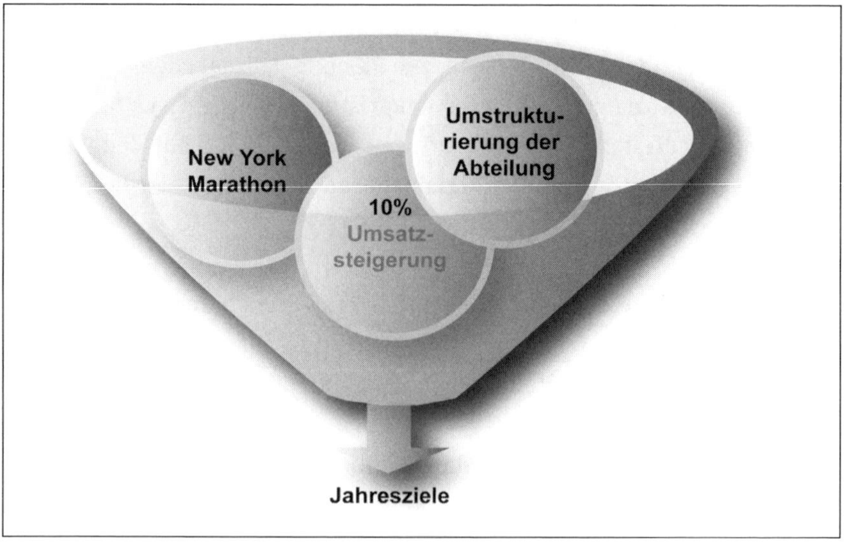

Abbildung 11: Jahresplanung

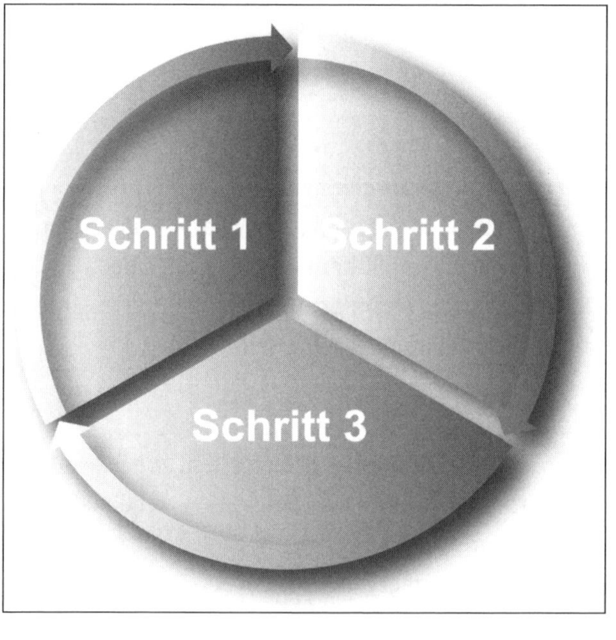

Abbildung 12: Monats-/ Wochenplanung

Die Tagesplanung

Aus Ihrem Wochenplan übertragen Sie die einzelnen Termine in Ihren Tagesplan und heben besondere Highlights für Ihre Ziele grafisch hervor. Mithilfe des roten Fadens, den Sie durch die Formulierung Ihrer langfristigen Zielen gezogen haben, wird es Ihnen leichtfallen, klare Prioritäten zu setzen.

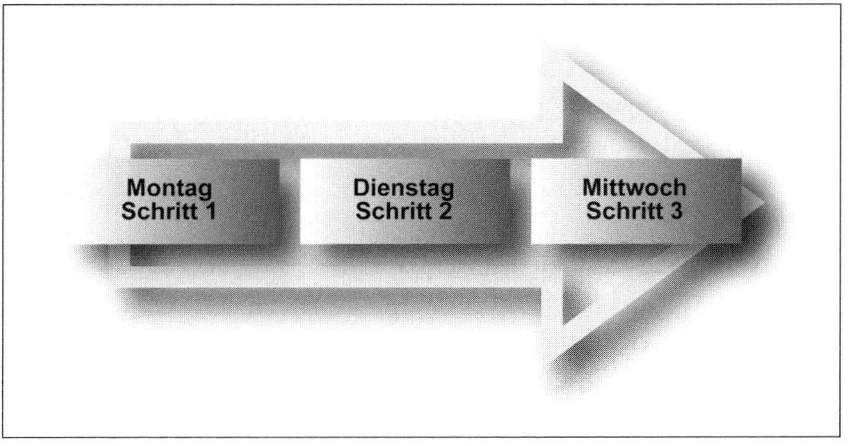

Abbildung 13: Tagesplanung

Kontrollieren Sie in regelmäßigen Abständen, ob Sie Ihre Ziele noch verfolgen oder davon abgewichen sind. Behalten Sie dabei auch die Randbedingungen im Blick. Unvorhergesehene Ereignisse oder Änderungen im beruflichen oder privaten Umfeld können Korrekturen in der strategischen Planung erforderlich machen.

Die Planung dient Ihnen dazu, Ihre selbst gesteckten Ziele zu erreichen. Deshalb sollten Sie sich davon nicht fremdbestimmen lassen, sondern sie immer an Ihre persönlichen Bedürfnisse anpassen. (Quelle: Seiwert, Lothar J.: *Wenn Du es eilig hast, gehe langsam, das neue Zeitmanagement in einer beschleunigten Welt.* Campus, Frankfurt 1999.)

Die kleinen Zeitsparer

Neben einer grundlegenden und konkreten Planung gibt es noch ein paar kleine, aber wirkungsvolle Methoden, um hier und da der unaufhaltsam rieselnden Sanduhr ein paar Körnchen abzutrotzen:

Planen Sie antizyklisch

Haben Sie schon einmal versucht, Arbeiten zu erledigen, die Konzentration erfordern, während Ihre Kollegen in der Mittagspause sind? Kein Kollege kommt vorbei, um mit Ihnen etwas zu besprechen, kein Telefon klingelt, nur Sie und Ihr Computer sind ruhig bei der Arbeit – ganz ungestört. Eine andere Möglichkeit ist, Einkäufe während der Mittagspause zu erledigen, um den Warteschlangen an den Kassen nach Feierabend zu entgehen.

Reduzieren Sie den Aufwand

Das „Pareto-Prinzip" hat insbesondere für Perfektionisten ein hohes Zeitsparpotenzial. Dieses Prinzip besagt, dass der Mensch in 20 Prozent der Zeit 80 Prozent einer Aufgabe erledigt. Um die Aufgabe hundertprozentig zu lösen, benötigt er die verbleibenden vier Fünftel der Zeit. Nicht alle zu erledigenden Aufgaben erfordern aber eine hohe Perfektion. Prüfen Sie jeweils, ob eine 80 Prozent-Lösung ausreicht. Das kann ein Protokoll der letzten Besprechung sein, eine interne Präsentation oder die Beantwortung einer E-Mail. (Quelle: Koch, Richard: *Das 80/20-Prinzip. Mehr Erfolg mit weniger Aufwand.* Frankfurt/New York 1998)

Verhindern Sie Planwirtschaft

Dieser Tipp hört sich angesichts der zuvor vorgestellten Planungstools seltsam an, aber ich meine damit Folgendes: Manche Dinge lassen sich schneller sofort erledigen, als sie zu planen. Kennzeichnen Sie eingegangene E-Mails nicht umständlich als „zu beantworten", „weiterleiten", „delegieren" – erledigen Sie diese einfach sofort. Setzen Sie sich für solche Aufgaben ein Zeitlimit. Nehmen Sie sich beispielsweise vor, dass alles, was Sie in drei

Minuten erledigen können, sofort getan wird. Das kann ein Telefonat oder eine zu recherchierende Info sein.

4.2 Richtig delegieren

Streng genommen passt das Motto Lenins „Vertrauen ist gut, Kontrolle ist besser“ nicht mehr in das Berufsleben des 21. Jahrhunderts mit seinen flachen Hierarchien und seinem kollegialen Verhalten. Trotzdem entdeckt man fast überall Führungskräfte, die lieber befehlen und kontrollieren, anstatt zu delegieren. Anfänglich kostet es tatsächlich viel Überwindung, seine eigenen Bedenken über Bord zu werfen, denn es sind oft lang gehegte Vorurteile, die das Delegieren so schwierig erscheinen lassen:

- Diese Aufgabe kann ich am besten erledigen.
- Bis ich die Aufgaben erklärt habe, habe ich sie gleich selbst erledigt.
- Ich bin mir nicht sicher, ob die Person der Aufgabe gewachsen ist.
- Wenn es schief geht, entsteht für mich noch mehr Aufwand.
- Ich verliere den Überblick, wenn ich es nicht selbst durchführe.

Stellen Sie sich einen Dirigenten vor, der versucht, alle Instrumente des Orchesters selbst zu spielen, und der dabei noch die Partitur und das Zusammenspiel überwachen will. Das Konzert wird zum puren Chaos!

Bei Ihnen ist es wahrscheinlich nicht sehr viel anders. Wenn Sie Aufgaben grundsätzlich selbst erledigen, ist es kein Wunder, dass Sie im Dauerstress sind. Während Sie vor Überlastung manchmal kein Land mehr sehen, machen andere wiederum entspannt Dienst nach Vorschrift. Das geht auch anders!

Vorteile des Delegierens

Delegieren hat bei weitem mehr Vorteile als Nachteile. Der Mitarbeiter wird gefördert und durch eine herausfordernde Aufgabe motiviert. Damit steigern Sie sein Selbstbewusstsein, ermöglichen ihm gleichzeitig, seine Fähigkeiten auszubauen, und erhöhen seine Arbeitszufriedenheit. Sie geben Aufgaben und die damit verbundenen Kompetenzen sowie Verantwortung ab und gewinnen mehr Zeit für Ihre Kundenbetreuung. Mit einem Team können Sie bessere Arbeitsergebnisse vorweisen, da Sie die Qualifikationen und das Know-how eines jeden Mitarbeiters optimal nutzen, anstatt sich selbst als Einzelkämpfer auf manchmal unbekanntes Terrain zu wagen. Mit einem Team im Rücken können insbesondere Großprojekte optimal betreut werden, mit denen eine Einzelperson völlig überfordert wäre.

Damit dieses „Management by Delegation"-Prinzip für die Führungskraft und den Mitarbeiter zu einem Erfolg wird, sollten einige Dinge beachtet werden.

Welche Aufgaben lassen sich delegieren und welche nicht?

Folgende Aufgaben sind leicht delegierbar:

- Routineaufgaben, die immer wieder anstehen
- komplexe Aufgaben, die viel Know-how benötigen (Spezialisten)
- Aufgaben, die gut vorbereitet sind und zum Beispiel anhand einer Checkliste gut erfüllt werden können
- Aufgaben, die zwar gemacht werden müssen, aber keine große Priorität haben

Dagegen eignen sich folgende Tätigkeiten nicht zum Delegieren und müssen weiterhin selbst bearbeitet werden:

- wichtige Aufgaben (A-Priorität)
- vertrauliche Angelegenheiten

- Führungsaufgaben
- Aufgaben mit Außenwirkung
- Aufgaben in Krisensituationen

Delegieren in sechs Schritten

1. Schritt:
Finden Sie zunächst die Aufgaben, die Sie delegieren können. Sollte es Ihnen schwerfallen, einen Überblick zu erhalten, was Sie an wen delegieren können, hilft es, sich zunächst einmal zu notieren, welche Aufgaben Sie grundsätzlich zu bewältigen haben. Vermerken Sie dahinter auch jeweils die Art der Aufgabe (Routineaufgaben, komplexe Aufgaben, Führungsaufgaben, ...). Überlegen Sie anhand dieser Liste, welche Aufgaben Sie davon delegieren können, und legen Sie alle Routineaufgaben auf den „Fremderledigungsstapel". Lassen Sie kleinere Aufgaben mit klarem Lösungsweg ebenfalls dorthin folgen. Aus dem danach noch übrig gebliebenen Stapel suchen Sie anschließend die Projekte heraus, die ein großes, spezifisches Fachwissen erfordern. Überlegen Sie selbstkritisch, ob ein Mitarbeiter bessere Voraussetzungen dafür mitbringt als Sie selbst.

Große, komplexe Aufgaben sich manchmal geeignet, aufgeteilt zu werden. Diese Teilaufgaben können hin und wieder auch delegiert werden, wobei der Grundsatz gilt: So viele Aufgaben delegieren wie möglich!

2. Schritt:
Wählen Sie den richtigen Mitarbeiter aus. Nun überlegen Sie sich, welchem Mitarbeiter mit seinen jeweiligen Kompetenzen, Stärken und Schwächen Sie diese Aufgabe übertragen können. Auf diese Weise erleichtern Sie eine frühzeitige Verknüpfung von Mitarbeitern mit den Projekten.

Tipp

Wählen Sie nicht immer denselben Mitarbeiter für unliebsame Aufgaben aus (Kopierpapier nachfüllen, Kaffeeküche aufräumen). Das schafft verständlicherweise Unzufriedenheit. Ebenso gefährlich für die Büroatmosphäre ist es, einen Mitarbeiter bei interessanten Aufgaben regelmäßig zu bevorzugen. Dies vergiftet die Stimmung im Team und führt zu negativen Auswirkungen auf die Arbeitsleistung.

3. Schritt:

Versuchen Sie Hürden von vornherein abzubauen. Beginnen Sie dabei am besten bei sich selbst:

- Sie sind es, der die richtigen Vorzeichen für den Erfolg einer delegierten Aufgabe setzt. Tun Sie dies mit einem Vorschuss an Vertrauen, das heißt, Sie müssen von der Fähigkeit Ihres Mitarbeiters überzeugt sein, aber umgekehrt muss auch der Mitarbeiter Ihrer Kompetenz vertrauen können. Fördern Sie dieses gegenseitige Vertrauensverhältnis durch einen konstruktiven Umgang mit Fehlern, indem Sie immer nach einer der Situation entsprechenden, bestmöglichen Lösung suchen und Schuldzuweisungen vermeiden. Zeigen Sie Größe, indem Sie zugeben, dass manche Aufgaben von einem Mitarbeiter sogar besser gelöst werden können als von Ihnen selbst.
- Egal was und in welchen Umfang Sie delegieren, Sie behalten immer einen Teil der Verantwortung. Lassen Sie sich deswegen durch Zwischenberichte auf dem Laufenden halten, damit Sie bei Bedarf unterstützend eingreifen können.

4. Schritt:

Das Mitarbeiter-Briefing. Das Delegieren sollte außer bei kleinen Handreichungen schriftlich erfolgen. Mündlich erteilte Aufträge für komplexe Aufgaben sind meist zum Scheitern verurteilt, da es immer zu Missverständnissen kommen kann. Deswegen können Sie für einen komplexen Auftrag ruhig auch ein nur für Sie bestimmtes fiktives Formular ausfüllen. Somit werden Sie sich über den Umfang und die Rahmenbedingungen der Aufgabe klar und vergessen keine notwendigen Infos und Befugnisse weiterzugeben:

Leistung	Beschreibung der Aufgabe mit Inhalt und Ziel.
Ausführender	Wer könnte diese Aufgabe übernehmen? Steht mir überhaupt eine Person zur Verfügung: Nach Qualifikation, Verfügbarkeit, Zuständigkeit. Förderung des Mitarbeiters bzw. Motivation.
Zusatz	Wie soll die Aufgabe ausgeführt werden? Geben Sie hier klare und eindeutige Anweisungen mit allen notwendigen Informationen und Formulierung des Ziels.
Zubehör	Aufstellung aller benötigten Arbeitsmittel und Befugnisse.
Liefertermin	Bis wann soll die Aufgabe erledigt sein? Legen Sie auch Termine für Zwischenergebnisse fest.
Ausfall	Was hat ein Misserfolg für Konsequenzen für das Unternehmen?

Formulieren Sie die Aufgabe klar und eindeutig. Fragen Sie nach, ob die Aufgabe so wie von Ihnen gemeint auch verstanden wurde. Oft liegt es an kleinen Dingen, die für Sie selbstverständlich sind, für den anderen aber keineswegs. Legen Sie dabei auch das Ziel und die möglichen Zwischenziele mit Ergebnispräsentation fest. Aber vermeiden Sie es, den Lösungsweg haarklein zu bestimmen. Parallel zur Aufgabenzuteilung müssen Sie den Beauftragten mit den notwendigen Arbeitsmitteln, Befugnissen und Kompetenzen ausstatten.

Informieren Sie den für die jeweilige Aufgabe Verantwortlichen ausreichend. Warten Sie nicht darauf, dass er im Bedarfsfall nachfragt. Lassen Sie ihn auch nicht im Unklaren darüber, wozu dieses Projekt dient. Das Verstehen großer Zusammenhänge macht es dem Bevollmächtigten oft einfacher, die Aufgabe zu erledigen. Erläutern Sie, welche Konsequenzen eine Nichterfüllung der Aufgabe für die Abteilung und das Unternehmen haben kann.

Eine enorme Arbeitserleichterung erreichen Sie, wenn Aufgaben oder Tätigkeitsbereiche ständig an einen Beauftragten abgegeben werden können. Damit erübrigt sich wiederholtes Erklären. Sie können diese Tätigkeiten in seine Stellenbeschreibung aufnehmen.

5. Schritt:

Begleiten Sie aktiv. Fungieren Sie bei Zwischenberichten als Berater. Bleiben Sie ansprechbar, dann fühlt sich der dafür Verantwortliche sicherer. Versuchen Sie bei Bedarf gemeinsame Problemlösungen zu finden. Sie dürfen dabei auch Mängel aufdecken, sollten diese jedoch nicht selbst korrigieren. Das ist Aufgabe des Ausführenden.

6. Schritt:

Geben und erhalten Sie Feedback. Nach Erledigung der Aufgabe geben Sie unbedingt eine Rückmeldung über Ihre Zufriedenheit an der getanen Arbeit. Sparen Sie nicht mit Lob, das sich sehr motivierend auswirken kann. Seien Sie hingegen äußerst vorsichtig mit Kritik und formulieren Sie diese immer konstruktiv. Es ist wichtiger, Ideen zu entwickeln, wie es in Zukunft besser gehen kann, als das Schiefgelaufene herauszustellen. Lassen Sie sich ruhig auch eine Rückmeldung geben, zum Beispiel dazu, ob die Aufgabe klar und deutlich von Ihnen formuliert wurde, die Informationen und Mittel ausreichend waren oder es etwas gibt, das sich noch verbessern lässt.

Tipp

Wenn Sie an einen unmotivierten Mitarbeiter delegieren, versuchen Sie ihn zu effektivem Arbeiten anzuhalten, indem Sie ihm zusätzlich zu der Aufgabenfrist noch vorgeben, wie viel Arbeitszeit ihm für die Ausführung zur Verfügung gestellt wird. Als zusätzlicher Anreiz kann auch eine kurzfristige Aufgabe am späten Nachmittag übertragen werden. Bitten Sie ihn, diese unbedingt noch am selben Tag zu erledigen. Die Motivation, doch noch pünktlich Feierabend machen zu können, wird geradezu übermenschliche Energien in ihm freisetzen.

4.3 Pausen, aber richtig

Woran denken Sie bei dem Satz „Morgens um halb zehn in Deutschland ...“? Klar, ob Sekretärin, Chef oder Mitarbeiter, in der wunderschönen Welt der TV-Werbung fällt jedem der Stift aus der Hand, man lehnt sich genüsslich zurück und zelebriert seine Pause. Aber sieht die Wirklichkeit auch so aus? Streichen Sie eine Pause nach der anderen aus Ihrem Tagesplan, weil Sie zu viel zu tun haben, und das gerade dann, wenn Sie sich entspannen wollen oder ein Kunde Sie braucht?

Pausen sind ein unverzichtbarer Ausgleich zu Ihrer Arbeitstätigkeit. Ohne sie gerät Ihr Gleichgewicht ins Wanken und die Arbeit zieht Sie nach unten. Leider ist es manchmal gar nicht so einfach, sich von seiner Arbeit zu lösen, denn immer gibt es „kurz noch etwas zu tun“ oder ein Termin sitzt Ihnen so sehr im Nacken, dass Sie glauben, gerade jetzt keine Pause machen zu können. Vielleicht ist es Ihnen auch unangenehm, von Kollegen „schon wieder“ beim Pausieren gesehen zu werden. In manchen Unternehmen gelten immer noch die Workaholics als die wahren Helden. Für Ihre Gesundheit kann das nicht förderlich sein, Abgespanntheit, Dauerstress und daraus möglicherweise resultierende Krankheiten zerstören Sie und die Arbeitsatmosphäre. Durch krankheitsbedingte Fehlzeiten entstehen dem Unternehmen Kosten, die man durch Pausen bei der Arbeit leicht vermeiden kann.

Darüber hinaus belegen wissenschaftliche Studien, dass sich Ihre Produktivität durch ein gutes Pausenverhalten nicht vermindert, sondern steigern lässt. Das hat mancher Unternehmer bereits eingesehen und sehr großzügige Regelungen geschaffen. Beim Schreibgeräte-Hersteller Montblanc in Hamburg etwa dürfen die Federschleiferinnen so oft und so lange Pausen einlegen, wie sie möchten, da diese Arbeit eine sehr hohe Konzentration erfordert. Dadurch erreicht das Unternehmen eine deutliche Senkung der Fehlerquote, was diese Regelung wiederum nicht nur mitarbeiterfreundlich, sondern auch rentabel macht. Sehen Sie deswegen eine Pause nie als „verlorene Zeit" an, sondern als notwendige Regenerationszeit, die sich langfristig bezahlt macht.

Wie viele Pausen sind sinnvoll?

Es gibt gesetzliche Regelungen, wie viele Pausen einem Mitarbeiter grundsätzlich zustehen. Bei einer Arbeitszeit von 6 bis 9 Stunden: mindestens 30 Minuten Pause, ab 9 Stunden: mindestens 45 Minuten. Darüber hinaus zählen Arbeitsunterbrechungen von weniger als 15 Minuten zur Arbeitszeit (§ 4 ArbZG). In den wenigsten Bürojobs gelten heutzutage feste Pausenzeiten. Das führt zu dem Vorteil, dass jede Person die Pausen zumindest teilweise ihrem individuellen Rhythmus anpassen kann.

Versuchen Sie lieber mehrere kleinere Pausen, als eine große in Ihren Tagesplan einzubauen.

- Der Hauptgrund liegt darin, dass der größte Erholungseffekt am Anfang einer Pause eintritt.
- Außerdem entfernen Sie sich bei einer zu langen Pause gedanklich weit und verlassen zu lang Ihre Arbeitsroutine. Infolgedessen benötigen Sie eine vermeidbar lange Anlaufphase, um sich wieder in den Prozess hineinzufinden.
- Mit zunehmender Pausenlänge sinkt auch die Motivation, wenn Sie wieder an den Arbeitsplatz zurückkehren.

Eine kleine Auszeit sollte circa alle 30 Minuten erfolgen. Alle zwei Stunden sollten Sie circa 15 Minuten pausieren, auch wenn Sie sich noch nicht müde fühlen. Stellen Sie sich dabei vor, Sie würden an einem Marathon teilnehmen. Wenn Sie dabei erst etwas trinken, wenn Sie sich ausgelaugt fühlen und einen Krampf fürchten, ist es leider schon zu spät. Auch wenn Sie wissen, dass Sie eine längere, anstrengende Aufgabe erwartet, gönnen Sie sich vorher einen Augenblick Entspannung.

In meinen Kanzleischulungen sehe ich immer wieder, dass im Büro die Mittagspausen teilweise am eigenen Platz durchgeführt werden. Der Telefondienst wird gleich nebenbei noch mit erledigt. Auch wenn zu diesem Zeitpunkt nur wenig eingehende Telefonate zu verzeichnen sind, so wird dennoch die Wichtigkeit einer Pause verkannt und der Erholungseffekt steuert somit gegen null.

Sie sollten in Ihrer Pause grundsätzlich etwas anderes tun und etwas anderes sehen als bei der Arbeit. Verlassen Sie unbedingt Ihren Arbeitsplatz und halten Sie größere Pausen ein.

Pausen optimal nutzen

Achten Sie auf Ihr Wohlbefinden während der Erholungsphasen, trinken Sie ein Glas Wasser oder essen Sie einen Apfel. Kein Pausenersatz ist, sich eine Tasse Kaffee zu holen und sich sofort weiter zu beschäftigen.

Wenn Sie viel am Computer arbeiten, so surfen Sie nicht während der Pausen im Internet. Gehen Sie lieber ein paar Schritte, strecken Sie sich, oder schauen Sie aus dem Fenster, damit sich Ihre Augen von der Bildschirmarbeit regenerieren.

Sie können sich auch bei Routinetätigkeiten, die wenig Konzentration erfordern (Bleistifte spitzen, Druckerpapier nachlegen, ...) sehr gut erholen. Denken Sie daran, dass ein kollegialer Austausch während einer Pause einen hohen sozialen Wert hat. So erfahren Sie durch Zufall beim gemeinsamen Mittagessen, dass Ihr Kollege ein ähnlich gelagertes Problem bei einem Kunden zu lösen hat wie Sie. Ein Erfahrungsaustausch lohnt sich immer.

Längere Pausen lassen sich auch für die Gesundheit nutzen. Gehen Sie in Ihrer Mittagspause joggen oder Fahrrad fahren, die Bewegung und die Frischluft in Ihren Lungen wird Ihre Konzentrationsfähigkeit erhöhen. Vergessen Sie dabei nicht, die Betonung auf entspannende Bewegung zu legen. Brechen Sie keinerlei Rekorde und veranstalten Sie keinen Kollegenwettbewerb, wer schneller und ausdauernder ist.

Wow-Effekte

- Ein langjähriger Kunde motiviert die Angestellten seiner Rechtanwaltskanzlei zum Ausgleichssport, indem er ihnen die Mitgliedschaft in einem Fitnesscenter sponsert.
- Die konsequente Umsetzung der Pausentipps zur Produktivitätssteigerung hat sich eine Steuerkanzlei vorgenommen: Sie hält für die Mitarbeiterinnen einen Ruheraum bereit. Die Angestellten haben die Möglichkeit, sich kurz hinzulegen, um während der Pausen wieder neue Energie aufzutanken.

Was auch immer Sie vorhaben, sorgen Sie für entsprechenden Ausgleich zur Arbeit und planen Sie auch Freizeitaktivitäten so, dass Sie nicht in Stress ausarten.

4.4 Aufschieben – morgen, morgen, nur nicht heute ...

Schieben Sie bestimmte Verpflichtungen oder Tätigkeiten tagelang vor sich her? Sie können sich einfach nicht aufraffen, manche Aufgaben sofort zu erledigen? Sie suchen förmlich nach Ausweichmöglichkeiten und alles andere erscheint plötzlich wichtiger? Da müssen Unterlagen einsortiert werden, auch der Brief an Herrn Eberle ist schon längst überfällig. Dies alles erledigen Sie gleich, prompt und zuverlässig. Nur, was ist mit der vor sich her geschobenen Tätigkeit? Der Erledigungstermin rückt immer näher und plötzlich werden Nachtschichten eingelegt, nur um den Termin noch einhalten zu können.

Das Hinauszögern einer Aufgabe, das von Psychologen mit dem wenig klangvollen Namen Prokrastination bezeichnet wird, ist nicht nur ein Zeit- und Energiefresser: Es geht mit Unbehagen, Frustration und Stress einher. Nichts ist unangenehmer, als nachts nicht schlafen zu können, weil die noch immer nicht erledigte Aufgabe bei Ihnen Gewissensbisse verursacht. Aufgaben mit hohem Aufschiebepotenzial kann man mit geübtem Blick sofort erkennen.

Es sind:
- Unangenehme oder schwierige Aufgaben (zum Beispiel: ein unangenehmes Thema oder ein Telefonat mit einem schwierigen Kunden),
- komplizierte Dinge, die Sie überfordern (zum Beispiel: Sie fühlen sich der Aufgabe nicht gewachsen),
- belastende Aufgaben (zum Beispiel: Sie werden für einen Fehler zur Rechenschaft gezogen),
- wenn Sie schwierige Entscheidungen treffen müssen, (zum Beispiel: Sie sind sich nicht sicher, welche Entscheidung die Richtige ist.).

Es sind immer Aufgaben, die Sie in gewisser Weise verunsichern und die mit einem schwierigen Lösungsweg verknüpft scheinen. Doch leider erledigen sich die wenigsten dieser Aufgaben von selbst, wenn Sie sie nur lange genug hinauszögern. Im Gegenteil, zur Unsicherheit kommt mit zunehmender Verzögerung noch wachsender Termindruck dazu.

Gegenmaßnahmen

Die Exekutiv-Liste

Erleichtern Sie Ihr Gewissen und gewinnen Sie wieder mehr Überblick, indem Sie alle aufgeschobenen und für Sie belastenden Aufgaben in eine Exekutiv-Liste aufnehmen. Anschließend schätzen Sie den ungefähr benötigten Zeitaufwand, um diese Aufgaben zu erledigen.

Nehmen Sie sich eine halbe Stunde Zeit und erledigen Sie kurz und schmerzlos alles auf dieser Liste, das nicht mehr als drei Minuten beansprucht. Diese schnellen Erfolge und die schrumpfende Länge auf Ihrer Exekutiv-Liste werden Ihnen einen nachhaltigen Motivationsschub verschaffen.

Elanvoll können Sie nun die umfangreichen Aufgaben auf Ihrer Liste angehen.

Kleine Schritte

Wenn eine Aufgabe so groß ist, dass sie sich wie ein unbezwingbarer Berg vor Ihnen auftürmt, teilen Sie sie in kleinere Etappen ein. Betrachten Sie nicht den ganzen Berg, sondern schauen Sie nur auf das nächstliegende, kleine Etappenziel und gehen Sie sofort los. Damit haben Sie den oft so schwierigen ersten Schritt getan. Vermutlich können Sie das Ziel nun in weiteren Etappen bequem erreichen.

Lässt sich eine umfangreiche Aufgabe nicht ohne Weiteres aufteilen, dann überwinden Sie sich zum ersten Schritt, indem Sie sich vornehmen, zu einer bestimmten Uhrzeit genau fünf Minuten daran zu arbeiten. Das ist eine kleine überschaubare Einheit, vor der Sie keine Scheu haben müssen. Allerdings werden Sie nach fünf Minuten nicht aufhören wollen, denn wenn man schon einmal dabei ist, will man schließlich auch ein Ergebnis vorweisen.
Machen Sie sich auch klar, welche Auswirkungen es für Sie haben kann, wenn Sie eine Aufgabe nicht erledigen. Vielleicht wird Ihr Chef oder Ihr Kunde Sie als unzuverlässig einstufen. Manchmal erscheint dann die Alternative, die Aufgabe lieber schnell zu erledigen, viel verlockender und einfacher.

4.5 Hast und Ungeduld

„Wenn Du es eilig hast, gehe langsam."
(Chinesische Weisheit)

Ungeduld und Hast sind meist Folgen von Stress und Überlastung. Sie fühlen sich angetrieben und können das erwünschte Tempo nicht erreichen. Sie wissen, dass in fünf Minuten ein Kunde vor Ihrer Tür steht, und sehen gehetzt noch schnell in seine Akte. Die Zeit ist zu knapp, um alles noch einmal durchgehen zu können, und schon bemerken Sie beim Querlesen einige Ungereimtheiten, die Sie noch schnell ändern. Beim Aufstehen, um das Dokument aus dem Drucker zu holen, stoßen Sie noch vor lauter Hast Ihre Kaffeetasse um. Und da soll man noch ruhig bleiben?

In der Zeit, die solche Missgeschicke kosten, könnten Sie ebenso gut konzentriert und weniger angespannt Ihre Aufgabe erledigen, mit einer deutlich kleineren Fehlerquote.

Versuchen Sie trotz der hohen Anforderungen und des engen Zeitplans, den Ihr Beruf mit sich bringt, den Überblick zu behalten, und weisen Sie die Hast durch einen fest strukturierten Arbeitstag in ihre Schranken. Teilen Sie sich Ihre Zeit ein (siehe Kapitel 4.1 *To-do-Liste*). Unterscheiden Sie dabei auch zwischen Aufgaben mit hoher Priorität und weniger wichtigen oder dringlichen Aufgaben und delegieren Sie, was immer Sie können. Arbeiten Sie konsequent bis zum Schluss. Damit sparen Sie sich die Zeit, ein Projekt erneut beginnen zu und sich wieder in die Materie einarbeiten zu müssen.

Pflegen Sie Ihre positive Ungeduld

Sie treibt Sie unaufhaltsam an, in Richtung Ihres Zieles, das Sie lieber heute als morgen erreichen wollen! Sie möchten sich und anderen etwas beweisen. Das ist eine Ungeduld, die aus einem positiven Wunsch und aus Ambitionen heraus entsteht. In Maßen kann Ihnen dieses Gefühl auch helfen, Hindernisse zu überwinden, aber lassen Sie auch dieser positiven Ungeduld niemals freien Lauf. Genießen Sie die Kraft, mit der Sie dadurch vorwärtskommen, aber bremsen Sie unbedingt ab, sobald es sinnvoller ist, mit Bedacht vorzugehen.

4.6 Nicht Nein sagen können

„Das Wörtchen nein steht ganz oben auf der Liste der Waffen gegen Zeitfresser."
(Claus Gaedemann, dt. Schriftsteller)

Kennen Sie Herrn Maier?

Herr Maier vom 3. Stock ist ein sehr zuvorkommender und hilfsbereiter Kollege. Egal wann Sie ihn brauchen, er ist immer für Sie da. Wie er es auch immer schafft, er hilft jedem in allem aus. Mittlerweile hat es sich schon herumgesprochen und er wird von immer mehr Kollegen um Hilfe gebeten. Ja, Herr Maier ist ein prima Kerl!

Ich möchte Ihnen auch sagen, was Herr Maier noch ist. Herr Maier ist ein Kollege, dem es schwerfällt, Nein zu sagen. Er möchte andere nicht vor den Kopf stoßen oder in Verlegenheit bringen, gleichzeitig fühlt er sich auch wichtig und unentbehrlich. Manchmal hat er aber einfach nur Angst, auf Ablehnung zu stoßen oder andere mit seinem Nein zu verletzen. Kurzum, Herr Maier möchte geliebt und geschätzt werden!

Es kann durchaus schwer sein, diese vier Buchstaben der Ablehnung auszusprechen. Schließlich bekommen es die meisten von frühester Kindheit an eingebläut, immer freundlich und hilfsbereit zu sein. Aber es gibt auch viele Momente, in denen Sie die Wahl treffen müssen, ob Sie etwas übernehmen wollen oder nicht.

Schaffen Sie es in diesen Fällen gegebenenfalls auch einmal abzulehnen, können Sie im Berufsleben mehr agieren, statt immer nur auf Anfragen zu reagieren, und werden damit dauerhaft erfolgreicher sein.

Bedenken Sie, dass Sie mit dem, womit Sie sich beschäftigen, von anderen identifiziert werden. Niemand wird in Ihnen eine kompetente Fachkraft erkennen, wenn Sie ständig mit Handlangertätigkeiten beschäftigt sind.

Wenn Sie es schaffen, auch einmal „Nein" zu sagen, ersparen Sie sich den Frust, den Sie verspüren, wenn Sie sich zu einer eigenen Willensäußerung unfähig fühlen. Dadurch gewinnen Sie an Selbstwertgefühl. Auf diese Art gelingt es Ihnen auch, die Wertschätzung Ihrer Kollegen zu erhalten.

Bevor Sie sich für ein Ja entscheiden, beantworten Sie doch folgende Fragen:

1. In welchen Situationen fällt es Ihnen schwer, Nein zu sagen? Um was geht es genau? Handelt es sich um einen Gefallen, zeitraubende Arbeit oder materiellen Aufwand?
2. Ist dieses „Nicht-Nein-sagen-Können" an Personen gebunden? Wem wollen Sie den Gefallen tun? Mögen Sie denjenigen?
3. Wie oft haben Sie dieser Person schon ausgeholfen? Ist das Verhältnis des Gebens und Nehmens ausgeglichen?
4. Macht es Ihnen etwas aus, das zu tun?
5. Haben Sie die dafür notwendige Zeit und Energie? Ist das, was Sie dafür verschieben müssen, weniger wichtig?

6. Kommen Sie durch diese Zusatzarbeit in Stress?
7. Welche Konsequenzen könnte das Nein für Sie haben? Was für Nachteile könnten Ihnen daraus entstehen?
8. Hindern Sie frühere Erlebnisse daran, Nein zu sagen?
9. Wer oder was könnte Ihnen helfen, leichter Nein zu sagen?
10. Was könnten die ersten Schritte dahin sein, damit Ihnen ein Nein künftig besser gelingt?

Warum uns das Nein-Sagen manchmal so schwerfällt

Eine Bitte oder ein Anliegen nicht ablehnen zu können, kann verschiedene Ursachen haben. Dabei tappen wir immer wieder in die gleichen Fallen:

1. Die Beliebtheits-Falle:
Aus Angst, von den Kollegen abgelehnt und nicht mehr gemocht zu werden, fällt es Ihnen schwer, die an Sie herangetragene Bitte abzulehnen. Auch wenn Sie durch Ihre übergroße Hilfsbereitschaft sehr beliebt sind, so wissen Sie nicht wirklich, ob man Sie als Person oder nur Ihre Verfügbarkeit schätzt. Verschaffen Sie sich mehr Respekt, indem Sie nicht zu allem Ja sagen!

2. Die Sozial-Falle:
Sie fürchten, Sie könnten egoistisch oder gar herzlos auf andere wirken, wenn Sie zu einer Bitte Nein sagen?
Egoistisch ist es eher, Ihre Hilfsbereitschaft rücksichtslos auszunutzen. Wenn Ihnen auf Ihre Ablehnung hin vorgeworfen wird, dass Sie sich selbstsüchtig verhalten, muss dies noch lange nicht stimmen. Es könnte ebenso gut ein wirkungsvoller Manipulationsversuch sein.

3. Die Krankenschwester-Falle:
Sie haben das Gefühl, eine Bitte nicht ablehnen zu können, weil der andere sich doch auf Sie verlässt.

Es ist ein tolles Gefühl, von anderen gebraucht zu werden, anderen helfen zu können und ihnen etwas Gutes zu tun. Es spricht auch nichts dagegen, zu helfen, solange es nicht bis zur Selbstaufgabe betrieben wird. Ihre Arbeit sollte Vorrang für Sie haben. Jeder Kollege muss Verantwortung für seine Zuständigkeiten übernehmen und kann sich nicht blind auf Sie verlassen.

4. Die Hansdampf-Falle:
Sie haben Angst, etwas zu versäumen, daher übernehmen Sie Extraaufgaben, weil Sie so mitten im Geschehen stehen. Wenn ein Kollege einspringt, könnte Ihnen dadurch etwas entgehen.

5. Die „Eine Hand wäscht die andere"-Falle:
Sie fürchten, wenn Sie einmal etwas ablehnen, wird derjenige Ihnen in Zukunft auch nicht mehr helfen. Von solchen Gerechtigkeitsgedanken sollten Sie sich lösen. Wenn Sie nicht deutlich machen, dass Ihr Ja mit dem Wunsch nach Gegenseitigkeit verbunden ist, wird sich vermutlich niemand an Ihre „guten Taten" erinnern.

Schritt für Schritt zum Nein

Natürlich sollte es zur Kultur eines Teams und eines Unternehmens gehören, dass man sich unter Kollegen hilft. Nur so kann ein gutes Betriebsklima entstehen. Allerdings müssen Sie für sich eine Grenze ziehen, wo Hilfsbereitschaft aufhört und Ausnutzung anfängt. Priorität sollten Sie immer noch sich selbst und Ihrem eigenen Aufgabenbereich einräumen. Folgende Schritte erleichtern Ihnen das Nein-Sagen.

Schritt 1: Sich Zeit lassen

Die meisten ungewollten Zusagen passieren, wenn Ihr Gegenüber Sie ganz nebenbei und noch dazu nett lächelnd um etwas bittet.

Lassen Sie sich keinesfalls überrumpeln und prüfen Sie genau, ob Sie seine Bitte erfüllen wollen oder auch können. Häufig werden Tätigkeiten angenommen, bei denen sich erst später herausstellt, dass diese Aufgaben einen größeren Zeitaufwand erfordern als vorgesehen.

Gerade psychologisch gewiefte Kollegen versuchen Sie indirekt einzuschüchtern und setzen alles daran, um Sie zu einem Ja zu bewegen. Schuldgefühle werden geweckt oder – wenn es einen Angriffspunkt gibt – sogar eine kleine Erpressung. Der Kollege könnte auch an Ihr Mitleid appellieren oder er schmeichelt Ihnen und gibt vor, davon überzeugt zu sein, dass niemand diese Aufgabe so gut wie Sie erledigen kann.

Damit Sie die Strategie des Kollegen analysieren können, lassen Sie sich Zeit mit Ihrer Entscheidung und verschaffen Sie sich lieber einen Puffer, wie zum Beispiel: *„Herr Kuhn, lassen Sie mich prüfen, was ich für Sie tun kann. Ich gebe Ihnen in 15 Minuten Bescheid."*

Schritt 2: Erlauben Sie sich Nein zu sagen

Sogar Handbücher über gutes Benehmen empfehlen lieber eine höfliche Ablehnung auszusprechen als ein widerwilliges Ja zu sagen. Nein sagen und gute Manieren stehen in keinem Widerspruch. Ja zu sagen kostet Sie Zeit, Mühe, bringt Sie in Stress und vielleicht ärgern Sie sich noch, weil Sie das Gefühl verspüren ausgenutzt zu werden. Wägen Sie deshalb für sich ab, ob Ihnen der Preis für ein Ja nicht zu hoch ist.

Schritt 3: Richtig Nein sagen

Wenn Sie ein Nein meinen, dann drucksen Sie nicht lange herum, sondern sagen Sie es Ihrem Gegenüber klar und deutlich, um keine Missverständnisse aufkommen zu lassen. Seien Sie freundlich und gehen Sie behutsam vor, um den anderen nicht unnötig zu verletzen.

So können Sie es Ihrem Gegenüber erleichtern, Ihre Ablehnung zu akzeptieren.

- Verlieren Sie sich nicht in langatmigen Entschuldigungen, sondern begründen Sie Ihre Entscheidung, zum Beispiel: Sie führen in der Mittagspause mit einem Kollegen ein Gespräch unter vier Augen und eine Kollegin möchte sich an Ihren Tisch setzen. In diesem Falle könnten Sie sagen: *„Oh, Frau Kollegin, wir besprechen gerade etwas Persönliches – ansonsten jederzeit gerne!“* Dadurch fällt es Ihrem Gegenüber leichter, das Nein anzunehmen. Sie bitten somit selbst um Rücksichtnahme und machen gleichzeitig deutlich, dass es nicht gegen die Person gerichtet ist.
- Zeigen Sie Verständnis für die Bitte des anderen etwa mit folgenden Worten: *„Es tut mir leid, dass Sie in diese schwierige Situation geraten sind. Leider kann ich Ihnen heute trotzdem nicht aushelfen, da ich selber stark unter Druck stehe.“*
- Bedanken Sie sich dafür, dass Ihr Kollege Ihnen so eine Aufgabe zutraut. *„Ich fühle mich geehrt und freue mich, dass Sie mir diese Aufgabe zutrauen (oder anvertrauen), dennoch kann ich diese Aufgabe nicht übernehmen. Tut mir leid!“*
- Ein temporäres Nein klingt netter als ein kategorisches. Normalerweise würden Sie diese Aufgabe gerne übernehmen, nur der Zeitpunkt ist nicht der richtige. Sind Sie selber überlastet und stehen unter einem enormen Druck, dann sagen Sie das auch so: *„Leider kann ich Sie heute nicht unterstützen, da ich selber sehr unter Druck stehe – ein andermal aber gerne!“* Vielleicht können Sie sogar einen Teil des Anliegens übernehmen und so Ihren guten Willen zeigen.
- Wenn Sie selbst eine Arbeit nicht übernehmen, so können Sie vielleicht eine Idee anbieten, die zur Lösung dieser Aufgabe beiträgt. Somit zeigen Sie Ihre Bereitschaft und machen gleichzeitig klar, dass Sie nicht zur Verfügung stehen.

4.7 Zu viel auf einmal tun

Im Internet recherieren, dabei gleichzeitig die eingegangenen E-Mails sichten, verteilen und beantworten und noch nebenbei Telefongespräche führen – und der nächste Beratungstermin steht schon längst wieder an. Multitasking heißt das Zauberwort. Menschen, die Multitasking betreiben, wechseln zwischen verschiedenen Tätigkeiten hin und her. Sie sind voller Tatendrang und strotzen nur so vor Energie. Gerade erfolgreiche Menschen neigen dazu, vieles parallel erledigen zu wollen, und muten sich damit viel zu. Dafür gibt es unterschiedliche Gründe: Zu hoher Druck von außen sorgt dafür, dass mehr Aufgaben angenommen werden, als es sinnvollerweise sein sollten.

Das Problem besteht darin, dass Sie trotz aller Anstrengung physische Grenzen haben und daher nicht wirklich multitaskingfähig sind. Auch wenn es so aussieht, als ob Sie drei Dinge gleichzeitig tun, Ihr Gehirn wechselt in Bruchteilen von Sekunden hin und her und arbeitet eine Sache nach der anderen ab. Wenn Sie Ihr Gehirn allerdings zwischen zu vielen Aufgaben hin- und herzappen lassen, geht dabei wertvolle Arbeitszeit verloren. Sie verlieren den Faden und müssen sich erst neu auf etwas konzentrieren. Laut einer Studie der University of Michigan soll die Dauer für die Erledigung einer Aufgabe durch Multitasking um 40 Prozent ansteigen. Der New Yorker Unternehmensberater Jonathan Spira will sogar herausgefunden haben, dass der US-Wirtschaft dadurch jährlich Zusatzkosten von 650 Milliarden Dollar entstehen. (Quelle: Lohr, Steve, *New York Times*, 25.03.2007)

Das Hin- und Herspringen zwischen den einzelnen Informationen, Aufgaben oder Themen können Sie schon mit ein paar wenigen Tipps reduzieren:

1. Reden Sie sich nicht ein, dass Sie unter Druck die beste Leistung erbringen.
2. Es muss nicht immer alles sofort erledigt werden. Aufgaben mit niedrigen Prioritäten können Sie ohne Weiteres um ein paar Tage verschieben.
3. Lernen Sie Arbeiten abzugeben. Sie können und müssen nicht alles selber erledigen.

Es gibt aber auch noch einen weiteren Grund, warum viele Menschen nur zu gerne Multitasking betreiben: Das Gehirn liebt vielfältige Reize. Oft erscheint es viel zu langweilig, sich lange Zeit nur mit einer Sache konzentriert zu beschäftigen, obwohl die Bürowelt doch so viel mehr zu bieten hat! Dieser Versuchung nachzugeben bedeutet aber die Sabotage der eigenen Arbeit. Die Konzentrationsfähigkeit leidet. Statt überlegt zu handeln, verausgaben Sie sich durch blinden Aktionismus. Bei jeder Musik zeitgleich mitspielen zu wollen, kann nur zu einer Qualitätsminderung mit hoher Fehlerquote führen. Bedenken Sie, dass es circa 15 Minuten dauert, bis Sie sich in eine komplexe Aufgabenstellung so weit eingefunden haben, dass Sie produktiv weiterarbeiten können. Werden Sie unterbrochen, müssen Sie meist wieder von vorne anfangen und Ihre Gedanken ordnen. Und am Ende des Tages fühlen Sie sich abgehetzt und gewinnen den nicht ganz falschen Eindruck, nichts von Ihrer To-do-Liste abgearbeitet zu haben.

Gehen Sie aus diesem Grund dazu über, Ihre Arbeitszeit bewusst zu planen, und nutzen Sie so die für eine Aufgabe zur Verfügung stehende Zeit konzentriert aus. Der Anfang ist übrigens immer die Zeit, wo Sie am empfänglichsten für Ablenkungen sind. Sind Sie dagegen einmal richtig bei der Sache, bleiben Sie auch dabei.

Übung: Testen Sie Ihr Gehirn – Spielen Sie Schlagzeug:

Tippen Sie mit dem linken Fuß in einem sehr gemächlichen Rhythmus auf den Boden, anschließend nehmen Sie den rechten in doppeltem Tempo dazu. Zusätzlich steigt die linke Hand im doppelten Tempo des rechten Fußes ein und die rechte Hand tippt das doppelte Tempo der linken Hand.

Rechte Hand	●●●● ●●●●	●●●● ●●●●	●●●● ●●●●	●●●● ●●●●	●●●● ●●●●
Linke Hand	●●●●	●●●●	●●●●	●●●●	●●●●
Rechter Fuß	●●	●●	●●	●●	●●
Linker Fuß	●	●	●	●	●

Wenn Sie das aus dem Stehgreif zwei Minuten lang durchhalten, ziehe ich meinen Hut vor Ihnen! Sie können jetzt zusätzlich versuchen, mit Ihrer Zunge einen weiteren Rhythmus zu schnalzen – aber Spaß beiseite. Sie sehen bereits, wie schwierig es schon ist, eine miteinander verbundene, komplexe Aufgabe zu bewältigen; Ihr Gehirn ist ausgelastet!

4.8 Besprechungen

Definition: Eine Besprechung ist die Zusammenkunft von mindestens zwei oder mehreren Personen mit dem Ziel, eine Angelegenheit zu besprechen. Ein Meeting ist ein hervorragender Raum für die Entscheidungsfindung bei flachen Hierarchieebenen und die Kommunikation bei Teamarbeit. Es stellt eine Plattform zur Verfügung zum Meinungs- und Erfahrungsaustausch und um kreative Ansätze zu entwickeln. – So viel zur Theorie.

In der Praxis entpuppen sich Besprechungen in manchen Unternehmen dagegen als eine Zeitvernichtungsmaschine. Bei den meisten Meetings ist laut Experten 40 Prozent der Zeit verschwendet. Bedenkt man dabei, dass Führungskräfte bis zu 60 Prozent ihrer Arbeitszeit in Sitzungen verbringen, entpuppt sich eine Besprechung auch als hoher Kostenfaktor. Der Frust, der bei manchem Mitarbeiter durch ineffiziente und ergebnislose Besprechungen entsteht, senkt darüber hinaus die Arbeitsmotivation. (Quelle: Alexandra Rausch, *Controlling von innerbetrieblichen Kommunikationsprozessen*, 1. Auflage, Gabler Edition Wissenschaft, Wiesbaden 2008)

Eine wirkungsvolle Besprechung muss effektiv sein und dabei spürbar etwas vorantreiben. Letztendlich ist dies eine Frage der Planung und erfordert unbedingt eine Vor- und Nachbereitung.

Checkliste: Besprechungen effizient gestalten

Vorbereitung und Planung:

- Fragen Sie sich: Ist die Besprechung unbedingt notwendig?
- Welche Alternative gibt es?
- Müssen Sie persönlich daran teilnehmen?
- Wer sollte unbedingt daran teilnehmen (niedrige Teilnehmerzahl)?
- Kann dieser Teilnehmer einen wesentlichen Beitrag leisten?
- Welches Ziel sollte verfolgt werden?
- Welche Punkte müssen unbedingt bearbeitet werden?

Organisation:

- Wo findet die Besprechung statt?
- Beginn und Ende der Besprechung?
- Pause/n inklusive Erfrischungen?
- Welche Techniken bzw. Hilfsmittel werden benötigt?

Einladung, Angaben von:

- Datum, Ort (eventuell mit Lageplan), Raum (störungsfrei), Zeit
- Teilnehmer
- Tagesordnungspunkte
- Ziel der Besprechung mit Begründung
- Beiträge der Teilnehmer inklusive Zeitrahmen
- Unterlagen für die Vorbereitung

Während der Besprechung

1. Beginnen Sie pünktlich, selbst wenn noch nicht alle anwesend sind. Zuspätkommer werden nicht noch dadurch gewürdigt, dass man Ihnen eine persönliche Zusammenfassung des bisherigen Meetings liefert! So erziehen Sie sich die Teilnehmer für das nächste Mal.
2. Begrüßen Sie die Anwesenden und beginnen Sie mit einem positiven Einstieg. Halten Sie das Warm-up möglichst kurz.
3. Geben Sie die Besprechungsordnung bekannt:
   - Nennen Sie den Zeitrahmen.
   - Erläutern Sie die „Spielregeln" für die Zusammenarbeit.
   - Bestimmen Sie einen Verantwortlichen für Zeiteinhaltung und Protokollführung.
   - Formulieren Sie die Reihenfolge der Themen sowie deren Zielsetzung klar und präzise.
   - Kontrollieren Sie am Schluss das Erreichen der Zielsetzung.
   - Treffen Sie notwendige Entscheidungen. (Was ist als Nächstes zu tun? Wer ist dafür zuständig? Wann muss es erledigt sein?)
   - Wiederholen Sie die Entscheidungen und Maßnahmen noch einmal.
   - Fassen Sie die Ergebnisse kurz zusammen.
4. Die wichtige Rolle des Moderators:
   - Er erkennt die Beiträge aller Teilnehmer an.
   - Er verhindert ein Abschweifen vom Thema.
   - Er notiert neu entstehende Themen, um diese zu vertagen.
   - Er hinterfragt konsequent unklare und nicht eindeutige Aussagen.
   - Er sorgt für eine positive Atmosphäre, indem er sich auf Erfolge konzentriert, Positives sucht und durch Anerkennung verstärkt.
   - Er wird persönliche Konflikte getrennt behandeln (4-Augen-Gespräch).

- Er achtet auf die Einhaltung der Spielregeln und spricht Störungen einzelner Teilnehmer offen an. (bei Wiederholung, kurze Unterbrechung der Besprechung, und das Problem unter vier Augen ansprechen)
- Falls keine Aussicht auf eine Zielerreichung besteht, wird er die Besprechung abbrechen und vertagen.

5. Fassen Sie die Besprechungsergebnisse zusammen:
   - Was wurde erreicht?
   - Wer erledigt was bis wann, mit welchen Mitteln?
   - Welche Ziele wurden noch nicht erreicht?
   - Wie geht es weiter?
6. Abschluss
   - Beenden Sie die Besprechung pünktlich.
   - Bedanken Sie sich für die konstruktive Mitarbeit.

Nachbearbeitung

1. Fertigen Sie ein Ergebnisprotokoll an und verteilen Sie es sofort.
2. Kontrollieren Sie den Maßnahmeplan, stellen Sie sicher, dass Beschlüsse auch unverzüglich umgesetzt werden.
3. Setzen Sie eventuell ausstehende Ziele auf die nächste Tagesordnung.

Spielregeln für die Besprechung

Formulieren Sie die Regeln kurz und knapp und beschränken Sie deren Anzahl auf maximal zehn. Bei regelmäßig stattfindenden Teamsitzungen ist das gemeinsame Erstellen dieser Spielregeln, die ausnahmslos für alle gelten, eine hervorragende Anfangsaufgabe, die zugleich die Teambildung fördert.

Ein Beispiel, wie Spielregeln aussehen könnten:

1. Nur der Moderator führt durch das Meeting.
2. Das Meeting beginnt und endet pünktlich.

3. *Keine Telefonate, Privatgespräche oder Störgeräusche.*
4. *Alle Teilnehmer bereiten sich auf das Meeting entsprechend vor.*
5. *Jeder spricht für sich, nicht für andere.*
6. *Ausreden lassen.*
7. *Sachlich bleiben.*
8. *Beim Thema bleiben.*
9. *Alle Teilnehmer stehen auf einer Stufe.*
10. *Es werden keine Details nach außen getragen.*

Weitere Ansätze zur Verbesserung der Meeting-Kultur in Ihrem Unternehmen

Wenn Sie die oben genannten Punkte richtig und konsequent umsetzen, werden Ihre Besprechungen sich spürbar zum Positiven verbessern. Trotz sorgfältigster Planung können anfangs noch Meetings nicht in der von Ihnen gewünschten Art und Weise verlaufen. Die Vielfalt der möglichen Störfaktoren ist beträchtlich und es kann einige Zeit dauern, bis Sie und Ihre Mitarbeiter eine stabile Meeting-Kultur entwickelt haben.

1. Gewinnen Sie Zeit:

Gibt es nichts zu besprechen, sagen Sie die regelmäßige Teambesprechung ab. Ein stattfindendes Meeting sollte im Normalfall nicht länger als eine Stunde dauern. Die Zeit, die Sie für die Einhaltung dieser Besprechungsdauer in die Vorbereitung stecken, erweist sich meist als eine gute Investition. Daneben gibt es Mechanismen, die Teilnehmer selbst motivieren die Sitzung pünktlich zu beenden. So können Sie den Besprechungstermin vor die Mittagspause oder sogar vor den Feierabend legen. Eine Frankfurter Anwaltskanzlei schwört auf eine ganz besondere Vorgehensweise bei Meetings: Die täglichen Besprechungen finden im Stehen statt und sind dementsprechend von sehr kurzer Dauer.

2. Entscheiden Sie, statt nur zu reden:
In einem Meeting sollen möglichst viele Facetten eines Themas besprochen werden. Verlieren Sie aber nicht das Ziel des Redens – eine Entscheidung – aus den Augen. Verhindern Sie, dass Teilnehmer sich an Kleinigkeiten festbeißen. Sie können diese Gefahr des Zerredens bei einer Besprechung minimieren, indem Sie gezielt nur die Kollegen einladen, die entscheidungsbefugt und von dem Ergebnis direkt betroffen sind. Erweist es sich dauerhaft als schwierig, die Zeit einzuhalten, vereinbaren Sie feste Redezeitbegrenzungen.

3. Mut zur Verantwortung
Obwohl ein Mitarbeiter von seinem Wissen und seinen Befugnissen her eine Entscheidung allein treffen könnte, entscheidet er sich in manchen Fällen, trotzdem eine lange Besprechung zu diesem Thema mit diversen Kollegen abzuhalten. Grund dafür kann die Angst des Mitarbeiters sein, die Verantwortung für diese Entscheidung allein zu tragen, wobei er in der Besprechung die Möglichkeit sieht, diese Last auf mehrere Schultern zu verteilen. Hier sollten Sie als Vorgesetzter deutlich machen, dass Sie keine Perfektion erwarten und eine einmalige falsche Entscheidung besser ist als gar keine.

4. Kooperieren statt Kontrollieren
Ein Meeting sollte keine Gemeinsamkeit mit einem Morgenappell bei der Bundeswehr aufweisen. Sobald Sie in Ihrer Eigenschaft als Vorgesetzter an einer Teambesprechung teilnehmen und Ergebnisse abfragen und bewerten, verliert dieses Meeting seinen kooperativen Charakter und wird zu einem Kontrollinstrument.

5. Bilden Sie keine betriebliche Theatergruppe
Theater spielen ist zwar kreativ, aber geben Sie Ihren Mitarbeitern nicht ausgerechnet in einer Besprechung den Raum für großartige Selbstdarstellungen oder dramatische Wortduelle. Weisen Sie diese Kollegen freundlich,

aber bestimmt in ihre Schranken. Den Zuschauertypus Ihrer Mitarbeiter können Sie leicht durch konsequentes Einbinden (Protokoll, Präsentation von Ergebnissen) ins aktive Geschehen hineinnehmen.

6. Schaffen Sie Vertrauen

Eine gelöste und vertraute Atmosphäre fördert die Effektivität und setzt Kreativität frei. Spielregeln können hier die Offenheit fördern. Niemand sollte für seine Ideen belächelt oder mit Seitenhieben bedacht werden. Vereinbaren Sie eine Vertraulichkeit über alle besprochenen Themen, denn es ist für jeden Besprechungsteilnehmer angenehm zu wissen, dass seine Aussagen nicht nach außen dringen. Denn diese werden meist unvollständig und aus dem Zusammenhang gerissen dargestellt und geben so ein falsches Bild ab.

7. Sorgen Sie dafür, dass getroffene Beschlüsse umgesetzt werden

Ob das Meeting effektiv ist, zeigt sich erst an der Art und Weise der Umsetzung der Vereinbarungen. Die mit einer Aufgabe betrauten Mitarbeiter sind dafür verantwortlich, diese in dem beschlossenen Zeitraum korrekt zu erledigen. Bieten Sie ihnen diesbezüglich Ihre Hilfe an und unterstützen Sie jederzeit beratend.

8. Starten Sie mit dem gleichen Wissensstand

Vor dem Meeting sollte jeder Teilnehmer auf dem aktuellen Stand sein. Sie können an die Einladung die wesentlichen Infos anhängen oder im Konferenzraum an den Plätzen eine Zusammenfassung auslegen (maximal drei DIN A4 Seiten). Alternativ oder ergänzend können Sie den momentanen Sachstand kurz erläutern.

9. Meistern Sie schwierige Entscheidungen

Drängt die Zeit und scheint eine Entscheidung noch in weiter Ferne, sollten Sie diese nicht mit Gewalt herbeiführen. Ziehen Sie einstimmige Beschlüsse unbedingt einer Abstimmung vor, denn eine Mehrheitsentscheidung sorgt immer für Unzufriedenheit. Sogar der Mitarbeiter, den die Entscheidung am stärksten betrifft, akzeptiert leichter einen autoritären Beschluss. Darüber hinaus können Sie diesen schwierigen Punkt auch an eine kleine Untergruppe delegieren.

10. Eine Tagesordnung ohne Hintertürchen

Die minutiöse Vorbereitung eines Arbeitsgesprächs wird häufig von dem Vorbereitenden selbst unbewusst sabotiert, indem er als letzten Tagesordnungspunkt „Sonstiges" plant. Das ist nicht nur eine Einladung für sinnlose Diskussionen über Nebensächlichkeiten, es ist auch für schlaue Füchse unter Ihren Mitarbeitern eine kolossale Gelegenheit, einen für Sie wichtigen Beschluss durch einen Überraschungsangriff herbeizuführen. Wenn am Ende einer Besprechung die Konzentration der Teilnehmer abschweift, drücken diese so noch blitzschnell ihren Punkt durch.

11. Finden Sie „Freiwillige"

Am Ende einer Besprechung müssen Sie festlegen, welcher Teilnehmer welche Beschlüsse umsetzen wird. Haben Sie sich auch schon gefragt, warum genau zu diesem Zeitpunkt nahezu alle Mitarbeiter gleichzeitig ihr Interesse an ihren Schuhen entdecken und diese einer genauen Betrachtung unterziehen müssen? Sie haben die Möglichkeit, als Besprechungsleiter die Mitarbeiter zu Aufgaben zu verpflichten, motivierend sind solche aufgezwungenen Pflichten jedoch nicht. Der diplomatischste Weg ans Ziel besteht darin, dass Sie am Ende des Meetings die Beschlüsse zusammenfassen und jeden Mitarbeiter einzeln fragen, bei welchen Aufgaben er meint am besten geeignet zu sein.

12. Feiern Sie Erfolge

Auch wenn bisher vom sparsamen Umgang mit Besprechungszeit die Rede war, für eines sollten Sie sich immer Zeit nehmen: Feiern Sie das Erreichen festgelegter Ziele mit den Besprechungsteilnehmern und bedanken Sie sich bei dem Leistungsträger. Diese Maßnahme fördert die Motivation und ermöglicht so ein noch besseres Vorankommen.

13. Motivieren Sie Ihr Team

Mitarbeitermotivation sollte stets eines der Ziele von Meetings sein. Planen Sie bei besonderen Anlässen ein dementsprechend besonderes Meeting, Abwechslung regt bei Ihnen und Ihren Mitarbeitern die grauen Zellen an. Feiern Sie Erfolge ruhig auch mal vor dem Bürogebäude auf den Mauern um den Springbrunnen. Werden Teile des Büros umgebaut, besorgen Sie sich rot-weißes Absperrband und einen Tapeziertisch als Deko und halten Sie ein Baustellenmeeting ab. Es kostet wenig Zeit und der Motivationsfaktor ist um vieles höher als im sonst üblichen Sitzungsraum.

Maßnahmeplan

- Stellen Sie Ihren Ist-Zustand fest.
- Gehen Sie anhand der einzelnen Punkte des Kapitels daran, Ihre Situation zu beurteilen.
- Halten Sie die von Ihnen ausgemachten Schwachstellen schriftlich fest.
- Planen Sie zunächst zu maximal fünf Schwachstellen Verbesserungen.
- Gehen Sie diese Maßnahmen sofort an.

5.

Gemeinsam stark für den Kunden: Effektive Teamarbeit

„Wer alleine arbeitet, addiert, wer zusammen arbeitet multipliziert."
(Arabische Weisheit)

Erinnern wir uns an das Musikorchester. Es gibt verschiedene Aufgaben, die ganz unterschiedliche Menschen wahrnehmen. Die gemeinsame Aufgabe lautet, eine Symphonie so zu spielen, dass Konzertbesucher begeistert werden und gerne wiederkommen und möglichst ihren Freunden und Bekannten von dem tollen Konzert und dem tollen Orchester erzählen. Das ist nun bei vielen Aufträgen, die ein Unternehmen von seinen Kunden bekommt, nicht anders. Der Arztbesuch ist mehr als die Untersuchung durch den Arzt selbst. Es kommen die Terminvereinbarung, der Aufenthalt im Wartezimmer, die Ansprache der Patienten im Wartezimmer hinzu. Die Gesamtheit bildet das Kundenerlebnis und diese soll begeistern.

Wenn wir das erkennen, dann erkennen wir auch, dass es bei dem Ziel der Außergewöhnlichen Kundenbetreuung nie um eine Aufgabe geht, die ein Einzelner erbringen kann oder soll. Teamarbeit ist gefragt. Ebenso wenig wie ein Patient gerne zu einem Arzt mit unfreundlichen Praxisangestellten gehen wird, wird ein Mandant einen Steuerberater schätzen, dessen Mitarbeiter nicht mitziehen und Mandanten das Gefühl vermitteln, dass Sie stören oder gar unwichtig sind (weil es eben nicht die „Top-Mandate" sind).

Wie entsteht nun aber aus einer Kanzlei ein echtes Kanzleiteam?

Widmen wir uns zunächst einmal den Grundregeln einer Teamarbeit. Teamarbeit hat viele Vorteile:

- Ein gut funktionierendes Team arbeitet produktiver als die Summe der Einzelleistungen.
- Bündelung und Austausch von Wissen
- Durch verschiedene Arbeitserfahrungen sinkt die Fehlerquote.

- Jeder Mitarbeiter profitiert für seine eigene Entwicklung vom Gemeinschaftswissen.
- Verschiedene Sichtweisen führen zu kreativen Lösungen.
- Durch die Eigenverantwortlichkeit und das Eingebundensein am Unternehmenserfolg steigen die Arbeitsmoral und die Zufriedenheit.
- Die Identifikation der Unternehmen wird gestärkt.

5.1 Was ist ein Team?

Eines vorweg: *„**T**oll, **e**in **a**nderer **m**acht's"* bedeutet Teamarbeit nicht! Im Zusammenhang mit Sport ist der Begriff „Team" allgemein bekannt: Das Team bildet die sogenannte Mannschaft. In einer Fußballmannschaft hat jeder Spieler seine Aufgabe, seine Feldposition. Aber auch der Trainer, der Masseur oder der Sportarzt kennt seine für die Mannschaft wichtige Rolle und Aufgabe. Erfolg hat die Gesamtheit aller Mitglieder nur, wenn die Mannschaft auf dem Spielfeld gemeinsam agiert, entscheidet und handelt. Wenn sich dagegen jeder nur blind auf den Ball stürzt, wird das Ergebnis auch dementsprechend negativ ausfallen. Das bedeutet: das Verbindende ist das gemeinsame Ziel und die Teamarbeit das Mittel, dieses zu erreichen. Von einer normalen hierarchischen Struktur grenzt sich ein Team durch flache Hierarchien ab. Die Verantwortung für das Erreichen eines Zieles liegt nicht bei einem Einzelnen, sondern bei allen Mitgliedern. Jeder Einzelne ist für die Erfüllung von Teilschritten in der Pflicht, wobei durch das Aufsplitten von Verantwortung die Mitglieder des Teams gleichmäßig belastet werden.

Welche Aufgaben sind für Teamarbeit geeignet?

Aufgabenstellungen, die für die Teamarbeit sinnvoll sind, können unter anderem Aufträge sein, die Neuerungen im Unternehmen darstellen, wie beispielsweise das Einführen einer neuen Kanzleisoftware, Änderung von betriebswirtschaftlichen Prozessen, Einführung von neuen Arbeitszeitmodellen oder Ähnlichem. Da die bisherigen Arbeitsprozesse den Teammitgliedern bekannt sind, kann eine Transformation in neue Wege oder veränderte Arbeitsweisen sinnvoll und effizient erfolgen.

Des Weiteren kommen Aufgaben infrage, die durch ihre Komplexität oder ihre Dauer von einem Einzelnen nicht zu bewältigen sind, wie etwa die strategische Ausrichtung von Standards zur Kundengewinnung oder das Beschwerdemanagement. Möglicherweise wird auf diese Weise sogar mehr Wissenspotenzial in der Arbeitsgruppe freigesetzt.

Im Gegensatz zur Teamarbeit sind folgende Aufgaben für Einzelpersonen, das heißt Individuen geeigneter:

- Kurzfristige Aufgaben mit einer eindeutigen Lösung oder mit einem geforderten Wissen, das nur bestimmte Mitarbeiter aufweisen. Bei Routineaufgaben ist es sinnvoll, Mitarbeiter einzusetzen, die diese gut kennen und somit zügig erledigen können.
- Aufgaben für Führungskräfte lassen sich nicht in Teilaufgaben auf Teammitglieder übertragen.
- Vertrauliche oder risikoreiche Aufgaben sind aufgrund ihres besonderen Stellenwertes im Unternehmen nicht als Teamziele geeignet.

5.2 Ziele richtig setzen

„Wer nicht weiß, in welchen Hafen er will, für den ist kein Wind der richtige."
(Seneca)

Besonders bei Teamarbeit, bei der jedes Mitglied eigenständige Aufgaben wahrnimmt, muss jeder das Ziel und die Bedeutung der Aufgabe für das Unternehmen genauestens kennen und verstehen. Das Ziel bestimmt die Richtung und den Umfang der Aufgaben. Es motiviert die Mitglieder zur gegenseitigen Unterstützung, da es nur so möglich ist, das Ziel gemeinsam zu erreichen, das heißt aber auch: Nur wenn das Ergebnis jedem Teammitglied erstrebenswert und attraktiv erscheint, ist ausreichende Motivation vorhanden. So vermeiden Sie es, dass mancher Mitarbeiter sich in der „Teamhängematte" ausruht und sich darauf verlässt, dass die Arbeit schon von den anderen erledigt wird:

Zielvereinbarung

Die Vereinbarung der Ziele ist ein Prozess, der in der Gruppe stattfinden muss, denn ohne eine hohe Identifikation der Mitarbeiter mit den Zielen ist ein Scheitern wahrscheinlich. Mit diesen Anfangsvereinbarungen stellen Sie die Weichen auf Erfolg, denn nur wenn jeder im Team weiß, was er und die anderen zu welchem Zeitpunkt zu tun haben, und die Schnittstellen definiert sind, funktioniert der Teamorganismus. Der Teamleiter fungiert hier nicht als übergeordnete Instanz, sondern sorgt unterstützend dafür, dass das Team ungehindert arbeiten kann. Er räumt Hindernisse aus dem Weg, kümmert sich um die notwendige Infrastruktur und überwacht die vereinbarten Fristen.

So entsteht aus einem Wunsch ein konkretes Projektziel:

1. Analysieren Sie den Ist-Zustand.
2. Definieren Sie den Soll-Zustand.

3. Auf welche Gesichtspunkte (maximal fünf) des Soll-Zustandes wollen Sie sich konzentrieren?
4. Daraus formulieren Sie Ihre Ziele.
5. Kalkulieren Sie die Teamgröße und das Budget.
6. Planen Sie die Maßnahmen, die zur Umsetzung des Zieles notwendig sind. Fassen Sie diese in Unterziele zusammen und vereinbaren Sie mit den Mitarbeitern Verantwortungsbereiche.
7. Installieren Sie Kontrollmechanismen, um das Erreichen der vereinbarten Teilziele zu kontrollieren.

Zielprüfung

Ob ein Ziel umsetzbar ist, hängt von verschiedenen Faktoren ab. Meist werden diese mit der SMART-Regel zusammengefasst:

S pezifisch – jedes Ziel muss so konkret formuliert sein, dass der Erfolg eindeutig erkennbar ist.

M essbar – ein Satz wie „Das Erstellen der Abschluss-Bilanz soll so schnell wie möglich erfolgen" ist schwer messbar. Besser wäre: „Das Erstellen der Abschluss-Bilanz soll innerhalb von zwei Werktagen erfolgen." Insbesondere bei komplexen Zielen müssen die einzelnen Teilziele unbedingt messbar formuliert sein, da die erfolgreiche Realisierung die Mitarbeiter motiviert und sie so bis zur Umsetzung des Gesamtzieles durchhalten lässt.

A ktionsorientiert – die Zielerreichung muss vom Team verwirklicht werden können, das heißt das Ziel darf nicht von äußeren, nicht beeinflussbaren Faktoren abhängig sein. Nur wenn jeder, vom Geschäftsführer bis zum einzelnen Teammitglied, hinter dem angestrebten Ziel steht, kann es zum Erfolg führen. Vermeiden Sie gegensätzliche Ziele oder miteinander konkurrierende Projekte.

R ealistisch – unterschätzen Sie Ihre Mitarbeiter nicht. Sie wollen gefordert werden, gewöhnliche Alltagsarbeit wird sie nicht zu Höchstleistungen motivieren. Trotz allem muss die Aufgabe in der geplanten Zeit machbar sein; das heißt die Wahrscheinlichkeit, dass das angestrebte Ergebnis erreicht werden kann, sollte über 50 Prozent liegen. Überlegen Sie, ob jedes Teilziel überschaubar ist, und stellen Sie sicher, dass die Zielvereinbarung sich maximal auf fünf wichtige Punkte beschränkt; ganze Zielfeuerwerke verpuffen zu leicht!

T erminiert – gibt es einen Endtermin? Kontrollieren Sie, ob jedem Teilziel eine klare Frist zugeordnet ist. Planen Sie bei der Terminsetzung auch eine Pufferzeit für unvorhergesehene Schwierigkeiten ein.

Zielinspektion und Nachjustierung:
Nur Erfolg und Fortschritt garantieren im Team Lust statt Frust – ein Umstand, der für die Arbeit essenziell ist. Deshalb muss der Stand des Vorankommens laufend kontrolliert werden, damit notwendige Zielkorrekturen vorgenommen werden können. Sinnvollerweise erfolgt diese Kontrolle bei regelmäßigen Teambesprechungen. Führen Sie unbedingt konsequent eine Checkliste, welche Ziele zu welchen Terminen fällig sind. Wenn ein Ziel in Verzug gerät oder sich als nicht realisierbar herausstellt, brauchen Sie einen zuverlässigen Gesamtüberblick für Ihren „Plan B“. Folgende Maßnahmen sind je nach Ergebnis der Zielüberprüfung vorzunehmen (siehe Abbildung 14 auf der folgenden Seite).

Ein verfehltes Ziel birgt großes Konfliktpotenzial für das Team. Achten Sie deshalb auf eine Fehleranalyse, die sich auf rein sachlicher Ebene bewegt. Suchen Sie keinen Schuldigen, sondern stellen Sie das Problem als Lernmöglichkeit für die ganze Gruppe dar. Wenn der Grund des Scheiterns gefunden ist (zu knappe Zeit, fehlende Unterstützung, nicht ausreichende Qualifikation oder Kompetenz des Mitarbeiters, fehlendes Budget ...), pla-

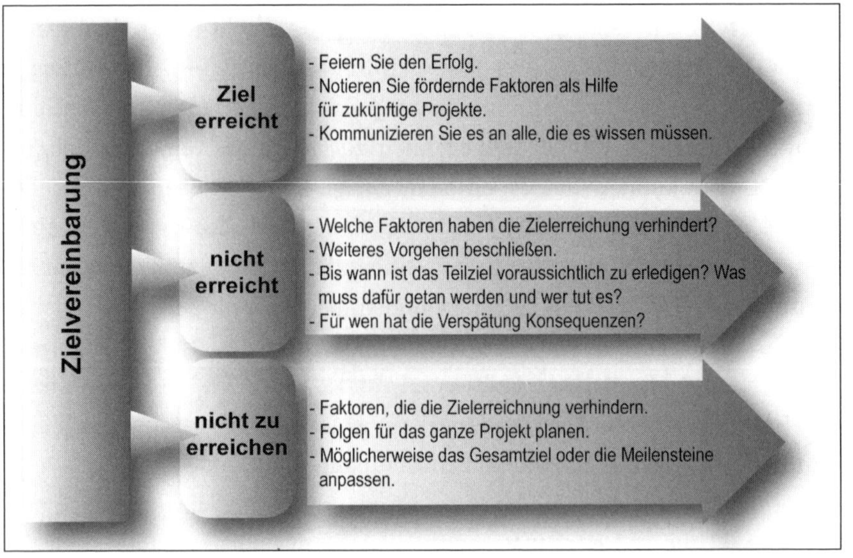

Abbildung 14: Zielüberprüfung

nen Sie das weitere Vorgehen. Eventuell können Sie mehr Zeit oder Mittel zur Verfügung stellen oder die Art der benötigten Unterstützung besprechen. Sinnvoll ist es auch, eine intensivere Kommunikation zu vereinbaren, um etwaige Probleme vor Ablauf einer Frist zu erkennen. Dadurch können Hindernisse rechtzeitig erkannt und eliminiert werden.

Als Konsequenz aus dem verfehlten Ziel resultieren Zielveränderungen oder gegebenenfalls neue Ziele, die Sie zu den weiter bestehenden auf der Checkliste hinzufügen. Besprechen Sie genau die Aufgaben für den nächsten Zeitraum und motivieren Sie Ihr Team, damit es auch bei schwierigen Etappen eine gute Kondition zeigt.

5.3 Der Teambildungsprozess

Sie haben sich in Ihrem Unternehmen entschieden, eine Arbeitsgruppe zu gründen, um die Kundenzufriedenheit zu verbessern. Damit wollen Sie langfristig die Kundenbindung erhöhen.

Die Bildung eines Teams unterliegt einem Entfaltungsprozess. Zunächst müssen Sie eine Zeit für die Teamfindung einkalkulieren, bevor die Arbeitsgruppe produktiv arbeiten kann. Schaffen Sie dafür gleich zu Beginn ein festes Fundament:

Schaffen Sie die Infrastruktur für ein Team

Aus organisatorischer Sicht ist es von Bedeutung, dass das Unternehmen die notwendigen Ressourcen für eine Arbeitsgruppe zur Verfügung stellt. Es sollte bereit sein, neben Materialien (beispielsweise PCs, Räumlichkeiten, Präsentationsmaterialien und anderen) die personelle Kapazität sowie den damit verbundenen Zeitaufwand und die Kosten zu tragen. Die Bildung von Teams bedeutet stets eine Veränderung im Unternehmen.

Stellen Sie Ihr Team auf

Die ideale Größe eines Teams liegt bei sechs bis elf Mitgliedern (Quelle: Mabey, Christopher, und Caird, Sally, *Building Team Effectiveness*, 1. Auflage, Open University, Milton Keynes 1999). Aus Ihrem Mitarbeiterstamm stellen Sie nun ein Team zusammen. Sie haben darauf geachtet, dass die Teammitglieder unterschiedliche Erfahrung mitbringen (siehe *Welche Teamrollen werden benötigt*). Sie möchten ja erreichen, dass sich das Wissen Ihrer Mitarbeiter ergänzt und als verwertbares Ergebnis zur Erhöhung der Kundenbindung manifestiert.

Der Teambildungsprozess beginnt

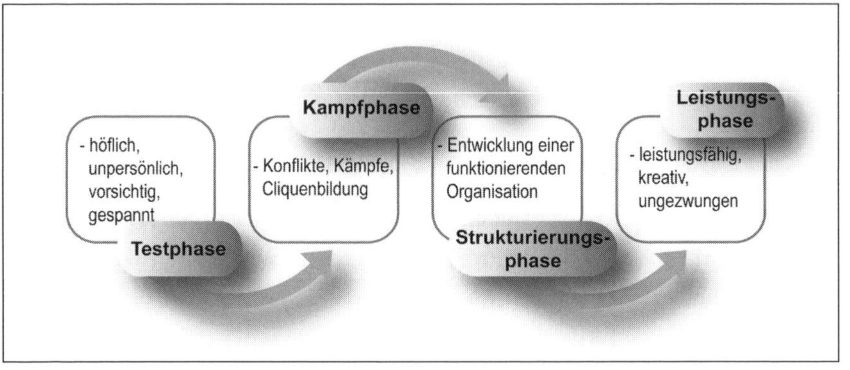

Abbildung 15: Teambildungsprozess

Der Teambildungsprozess durchläuft nach dem Erziehungswissenschaftler B. W. Tuckman vier Phasen, bevor sich ein Team leistungsfähig seiner Aufgabe widmen kann:

1. Testphase:

Die Mitglieder der Arbeitsgruppe müssen zu einer effizienten Zusammenarbeit finden. Sie lernen einander und ihre persönlichen Erwartungen kennen. Sie vertrauen einander noch nicht, richten daher vornehmlich die Aufmerksamkeit auf das geplante Ziel und den Leiter des Teams. Die Teilnehmer der Arbeitsgruppe beobachten sich dabei genau, ähnliche persönliche Ziele werden miteinander verglichen und abgewogen. Zu Mitgliedern, die auf der gleichen Wellenlänge sind, wird der Einzelne erste Sympathiesignale aussenden.

2. Kampfphase: Umgang mit Auseinandersetzungen

Die Mitglieder lernen einander näher kennen und loten ihre Machtverhältnisse und Kompetenzen aus. Hier kann es zu den ersten Auseinandersetzungen im Team kommen. Erst nachdem die Teammitglieder ihre Kräfte aneinander gemessen haben, wird sich die Arbeitsgruppe zu einem Team zusammenschweißen, beziehungsweise im schlimmsten Fall auseinandergehen. Diesen Umstand sollten Sie unbedingt in Erwägung ziehen: Sind die Auseinandersetzungen im neu gegründeten Arbeitsteam zu stark, ziehen Sie die Reißleine und lösen Sie diese Arbeitsgruppe auf.

3. Strukturierungsphase: Spielregeln

Damit die Arbeit optimal funktioniert, ist ein wichtiger Teil der Teamfindung, Spielregeln zu schaffen und einzuhalten. So werden Ziele, Kompetenzen und die Kommunikation im Team geregelt. Spielregeln könnten folgendermaßen lauten:

- Die Musketier-Regel: Einer für alle, alle für einen
- Wichtige Entscheidungen werden gemeinsam getroffen.
- Am Ende jeder Diskussion steht ein Konsens.
- Informationen sind für alle da und werden wie abgesprochen kommuniziert.
- Probleme haben Priorität.
- keine Machtkämpfe – gegenseitige Akzeptanz
- Kritik wird als Chance aufgenommen und sachlich geäußert.
- Wir teilen unsere Aufgaben nach unseren Fähigkeiten und Fertigkeiten.
- Wir verfolgen gemeinsame Ziele.
- Auch unkonventionelle Ansätze sind willkommen.

4. Leistungsphase: Entwicklung von Teamgeist

Das Wir-Gefühl innerhalb des Teams wird stärker. Es entsteht Raum für Ideen und Gedankenspiele und die Kreativität wächst innerhalb des Teams. Es wird offen miteinander kommuniziert. In dieser Phase der Teamentwicklung wird eine Arbeitsebene gefunden, die bedeutsam für den Erfolg und die Produktivität ist. Es kann nun effektiv gearbeitet werden, da das Team nicht mehr mit sich selbst beschäftigt ist, sondern jeder seine Aufgabe kennt und seine Rolle ausfüllt.

Fortschritte in der Teamarbeit bekannt geben

Nicht nur der Teamleiter oder Projektleiter informiert über den Fortschritt des Projektes. Auch die einzelnen Teammitglieder oder kleine Arbeitsgruppen fassen ihre Ergebnisse zusammen. Besonders hilfreich ist hier, immer wieder die Stimmung innerhalb des Teams oder des Einzelnen abzufragen. Wenn ein Klima des Vertrauens herrscht, dann können mögliche Konflikte sehr schnell erkannt und rasch geklärt werden.

Welche Teamrollen werden benötigt?

Dr. Meredith Belbin hatte bereits in den Siebzigerjahren im Bereich der Team- und Führungsentwicklung unterschiedliche Persönlichkeiten in der Interaktion als Teammitglieder herausgefunden.

Überdenken Sie dementsprechend Ihre Auswahl der Mitglieder gut. Haben Sie möglicherweise zu viele Personen, die gerne Aufgaben koordinieren? Oder fehlt Ihnen der Anführer dieses Teams? Besteht die Arbeitsgruppe womöglich nur aus Spezialisten? Das alles könnte zu Reibungen führen. Jedes Mitglied der Arbeitsgruppe soll schließlich eine Aufgabe übernehmen, die zu seiner Persönlichkeit passt und seiner Qualifikation entspricht: Passt die damit verbundene Rolle nicht, so kann das Erreichen der gemeinsamen Ziele gefährdet sein.

Kennen Sie Ihre Mitarbeiter nicht gut genug, um sie sicher einschätzen zu können, gibt es für die Feststellung des jeweiligen Charakters auch einschlägige Tests.

Folgende Fragestellungen sind hilfreich:

1. Kennen Sie die Qualifikationen des Einzelnen?
2. Wie würden Sie den Charakter des jeweiligen Teammitgliedes umschreiben? Welche Begriffe fallen Ihnen spontan zum jeweiligen Teilnehmer ein?

3. Ist der Kollege introvertiert oder extrovertiert?
4. Hat der Einzelne bereits Teamerfahrung?
5. Kennen Sie das formelle und das informelle Netzwerk des Einzelnen?
6. Wie kommuniziert Ihr Mitarbeiter?
7. Wie tritt der Mitarbeiter auf? Aufgeschlossen oder zurückhaltend?
8. Würden Sie dem Mitarbeiter eine positive Lebenseinstellung zuschreiben? Oder gehört er zu den Schwarzsehern und Bedenkenträgern?
9. Wie geht der Einzelne mit Kritik um?

Diese Checkliste für Eigenschaften von Teammitgliedern können Sie auf meiner Homepage *http://www.strassenberger.com* downloaden.

Charakterisierung der Teamrollen

Der Erneuerer/Erfinder

Der Erneuerer geht im Denken unkonventionelle Wege. Er denkt nicht in Kategorien, sondern wägt sämtliche Optionen ab und schaut über den Tellerrand hinaus. Diese großzügige Denkweise setzt sich allerdings nicht mit Details auseinander. Seine Chance liegt in der Entwicklung von Strategien, die das Team zum Ziel bringen.

Der Wegbereiter/Weichensteller

Durch seine Kommunikationsstärke ist der Wegbereiter derjenige im Team, der viele Kontakte hat und diese für die Teamarbeit nutzt. Zu viele Ideen und Impulse lenken ihn allerdings vom Wesentlichen ab. Er verzettelt sich leicht, Routinearbeiten können ihn langweilen. Seine Chance liegt im sinnvollen Verbinden von Kommunikation und Information mit der Entwicklung neuer Ideen.

Der Koordinator/Integrator

Der Koordinator ist selbstbewusst und kennt seine Fähigkeiten und Stärken. Er ist derjenige, der den Plan im Blick behält. Er erkennt Probleme rasch und weiß, wie diese individuell gelöst werden können. Seine Chance liegt in der Leitung des Teams, da er seinen Teamkollegen die Aufgaben zuweisen kann und dabei den Überblick über alle Aktivitäten behält.

Der Macher

Der Macher ist derjenige, der zügig die Aufgaben erledigt. Er erarbeitet für sich rasch einen Plan, bricht seine Aufgaben eigenständig auf Teilziele herunter und weiß genau, wie diese umzusetzen sind. Allerdings ist er streitbar, legt sich gerne mal mit seinen Teamkollegen an und bringt so hin und wieder Unruhe in das Team. Seine Chance liegt in der Bündelung mit seinen Teamkollegen. Am liebsten setzt sich der Macher mit denjenigen auseinander, die ihm ebenbürtig sind.

Der Beobachter

Der Beobachter hat eine sehr gute Auffassungsgabe. In seiner ruhigen Art bleibt er eher auf Distanz und beteiligt sich nicht aktiv an der Kommunikation untereinander. Seine Chance liegt in der Urteilsfähigkeit. Das Team muss aber sicherstellen, dass er seine Argumente vortragen kann und diese Beachtung finden.

Der Teammitarbeiter/Mitspieler

Der Teammitarbeiter tauscht sich mit seinen „Mitspielern" auch über das Geschäftliche hinaus aus. Er geht uneingeschränkt auf alle Teamkollegen zu: auch auf diejenigen, die eher zurückhaltend und still sind. Seine Chance liegt darin, für Ausgewogenheit im Team zu sorgen. Insbesondere bei Konfliktsituationen können Teammitarbeiter ausgleichend wirken.

Der Umsetzer

Der Umsetzer sucht sich eine klare Struktur und eine eindeutige Arbeitsweise. Er bevorzugt einen Plan und orientiert sich daran. Mit Veränderungen in seinem Arbeitsumfeld geht er allerdings eher schwerfällig um, lehnt diese eher ab. Seine Chance liegt in der konzeptionellen Gestaltung. Da er gerne strukturiert, ist er prädestiniert dafür, die Arbeitsweisen im Team zu definieren.

Der Perfektionist

Dem Perfektionisten entgeht kein Detail. Er achtet peinlich darauf, dass alle Aufgaben überpünktlich und vollständig erledigt sind. Ihm fällt es deshalb schwer, Aufgaben an seine Teammitglieder abzugeben. Seine Chance liegt darin zu überwachen, dass die Zeitvorgaben und Fristen eingehalten werden.

Der Spezialist

Der Spezialist ist die Wissensdatenbank für die Arbeitsgruppe. Er ist derjenige, der das Wissen und die Fähigkeiten zu den Themen bündelt. Seine Chance liegt darin, das Wissen an andere Teammitglieder zu transferieren, die weniger Erfahrung oder Defizite in Fachbereichen haben.

Tipp

Es kommt in der Praxis häufig vor, dass ein Teammitglied zwei dieser Rollen übernimmt.

Teamfindung und Rollenverteilung beschleunigen

Die Marketingassistentin Sabine Kunz kommt aus dem Lachen nicht mehr heraus. Ihr Kollege Lothar Breuer hängt hilflos baumelnd in luftiger Höhe am Kletterseil und kann nicht mehr. Er ärgert sich ein wenig, dass er sich auf diese seltsame Teamfindungsmaßnahme im Klettergarten eingelassen hat, was für eine Schnapsidee. Jetzt ruft sein Kollege am unteren Ende des Seils, dass er nicht aufgeben soll, der einzig wahre Weg führe nach oben. Sein bereits oben angelangter Kollege hängt mit dem Kopf über der Gipfelkante und rechnet ihm laut vor, dass es effizienter wäre, nochmals abzusteigen und den leichteren Weg auf der anderen Seite der Kletterwand zu probieren. Eine andere Möglichkeit gäbe es gar nicht angesichts der suboptimalen Kletterschuhe Lothar Breuers. Letztendlich erbarmt sich der klettererfahrene junge Kollege Jens Müller. Er steigt auf die Höhe von Lothar Breuer, reicht ihm die Hand, sodass dieser wieder zurück an die Kletterwand kommt. Nach einer Weile fühlt sich Lothar Brandt durch den dauernden Zuspruch seines Kollegen schon sicherer und nach fünfzehn Minuten ist das ganze Team oben auf dem Gipfel des Betonklotzes im Klettergarten. Das Gefühl ist riesig!

Solche Abenteuerevents sind in den meisten Unternehmen ein akzeptiertes und bewährtes Mittel zur Teamfindung und zur Rollenverteilung im Team. Ob mit Huskyschlitten durch die Winterlandschaft, oder eine Wildwassertour mit Kanus, der Phantasie sind hier keine Grenzen gesetzt. Durch Extremsituationen lernt sich das Team schneller kennen und jeder findet seinen Platz und seine Funktion im Team. Darüber hinaus schweißt ein gemeinsames Erlebnis die Mitarbeiter effektiver zusammen als es im Büro in so kurzer Zeit möglich wäre. Somit sind solche Maßnahmen neben dem Spaßfaktor, den sie bringen, auch vom Kosten-Nutzen-Aspekt her attraktiv.

Welche Verantwortung hat jedes Teammitglied?

Die Mitglieder organisieren innerhalb des Teams ihre Arbeitszeiten selbst. Sie verteilen die Aufgabenstellungen untereinander und strukturieren so die jeweiligen Arbeitsabläufe. Sie formulieren Teilziele und achten darauf, dass diese eingehalten werden. Sollte ein Mitglied einen Mangel an erforderlichen Erfahrungen, Fähigkeiten oder Kenntnissen aufweisen, so sorgen sie untereinander dafür, dass diese Wissenslücke geschlossen werden.

Die Arbeitsgruppe kennt das Zeit- und Geldbudget und fühlt sich gemeinschaftlich dafür verantwortlich. Das jährliche Budget wird oftmals sogar vom Arbeitsteam geplant. Zur Sicherung der Qualität werden auch in diesem Bereich Regelungen in der Arbeitsgruppe abgestimmt und festgelegt. Treten innerhalb des Teams Probleme auf, so wird auch gemeinschaftlich im Team eine Lösung gesucht. Diese Probleme können in der Interaktion im Miteinander auftreten. Es können aber genauso gut technische Probleme sein, die dann umgehend an die Verantwortlichen weitergeleitet und gelöst werden.

5.4 Schwierige Situationen im Team klären

Erst bei Konflikten und schwierigen Situationen zeigen sich Qualität und Kompetenz des Teamleiters. Situationen, die Fingerspitzengefühl des Teamleiters verlangen, treten immer wieder unerwartet auf. Es kann ein Unglücksfall oder Todesfall in der Familie eines Mitarbeiters sein, es kann sein, dass Sie von einer sexuellen Belästigung eines Teammitglieds erfahren oder dass bei jemandem ein akutes Alkoholproblem vorliegt. Von Ihrer richtigen Reaktion hängt es ab, ob Sie und Ihr Team den Anlass reibungslos meistern. Egal was der Anlass ist, bleiben Sie einfühlsam und versuchen Sie die Situation konstruktiv anzugehen. Im Folgenden habe ich vier Beispiele aufgelistet, die hier exemplarisch für viele Herausforderungen des Teamleiters stehen:

- Ein nach wie vor schwieriges und trotzdem leider häufiges Thema ist die **sexuelle Belästigung**. Laut einer Studie im Auftrag der Europäischen Union sind 40 bis 50 Prozent der Frauen und 10 Prozent der Männer am Arbeitsplatz schon einmal sexuell belästigt worden. Selbst wenn es sich nur um anzügliche, zotige Witze und taxierendes Anstarren handelt, es gefährdet den Einzelnen und den Zusammenhalt Ihres Teams – und damit auch die Produktivität und den Umsatz. Erfahren Sie von so einem Fall, so werden Sie aktiv. Machen Sie sich ein Bild von der Situation. Führen Sie mit dem Betroffenen ein vertrauliches Gespräch, ermutigen Sie ihn, aus der Opferrolle herauszukommen und den Belästigungen konsequent Einhalt zu gebieten. Halten Sie das Problem vertraulich und stellen Sie den Verursacher im Zweiergespräch zur Rede. Weisen Sie ihn auf mögliche disziplinarrechtliche und arbeitsrechtliche Konsequenzen hin und suchen Sie sein Mitgefühl, indem Sie ihn bitten, sich vorzustellen, dass seine Frau oder Tochter betroffen wäre. Um das Opfer zu schützen, sollten Sie kein gemeinsames Gespräch mit Täter und Opfer forcieren. Am besten treffen Sie schon bevor ein Fall auftritt Präventionsmaßnahmen. Weisen Sie in Ihren Einstellungsgesprächen darauf hin, dass so ein Verhalten in Ihrem Unternehmen keinesfalls geduldet wird. Sie können das Thema auch bei Schulungen mit einbeziehen. So werden alle Mitarbeiter für dieses Thema sensibilisiert.

- Gibt es einen **Trauerfall** in der Familie eines Mitarbeiters, dann spricht nichts dagegen, dem Kollegen persönlich die Hand zu drücken und ihm Ihr Beileid auszusprechen. Eine unpersönliche, wenn auch schön gestaltete Beileidskarte wirkt dagegen steril. Falls Ihr Mitarbeiter Sie um Diskretion bittet, wahren Sie sie, ansonsten geben Sie die Information ans Team weiter. Sie können auch zusammen an der Beerdigung teilnehmen und damit Ihr persönliches Bedauern bekunden. Zeigen Sie sich unter allen Umständen kulant, wenn der Betroffene um weitere Urlaubstage bittet.
- **Alkohol-/Drogenprobleme** sind nicht nur für den Betroffenen schlimm, sie haben auch Auswirkungen auf die Arbeit und auf die Kollegen. Prüfen Sie, ob der Eindruck eines Alkoholproblems sich bestätigt, oder nur ein Gerücht ist. Notieren Sie sich die Fakten (Alkoholfahne, schwankender Gang, Fehler bei der Arbeit ...) und konfrontieren Sie ihn damit. Vermeiden Sie die Bemerkung „Sie haben ein Alkoholproblem". Sprechen Sie nur davon, dass gewisse Verhaltensweisen bei der Arbeit abgestellt

werden müssen. Das Gespräch muss vertraulich behandelt werden. Im Idealfall wird sich der Mitarbeiter an Vereinbarungen mit Ihnen halten. Können Sie keine Verbesserung feststellen, konfrontieren Sie ihn mit den möglichen Konsequenzen wie dem Verlust des Arbeitsplatzes. Geben Sie ihm die Kontaktdaten einer Suchtberatungsstelle und bieten Sie ihm nach Möglichkeit Hilfe an. Vielleicht können Sie seinen Arbeitsplatz erhalten, wenn er nach erfolgreicher Therapie zurückkommt.

- Ein neues Teammitglied zu integrieren, ist sowohl ein schöner Anlass, als auch eine Herausforderung. Vermitteln Sie dabei dem neuen Mitarbeiter unbedingt den Eindruck, willkommen zu sein. Umso schneller und besser wird er sich in Ihrem Team einbringen.

Der Neuling

In meinen Trainings berichten mir Teilnehmer von ihrem ersten Arbeitstag: Die Teamassistentin führt den Neuling an seinen Schreibtisch, geraume Zeit später nimmt der Chef sich nebenbei noch zwei Minuten Zeit für die Begrüßung.

Der Rest hat sich dann mit der Zeit ergeben ... Bei so einer Einführung fühlt der neue Mitarbeiter sich nicht überaus gut aufgehoben. Es ist eine schöne Geste, wenn Sie den neuen Mitarbeiter schon vor dem ersten Arbeitstag zu einem gemeinsamen Essen mit dem Team bitten, sodass er sich schon ein wenig akklimatisieren kann. Schicken Sie ihm schriftlich eine „Erste-Hilfe-Liste (Dienstbeginn, Ansprechpartner, Parkmöglichkeiten, Kleiderordnung ...). Richten Sie seinen Arbeitsplatz her, hier kann ein netter Willkommensspruch auf dem Bildschirmschoner sehr viel bewirken. Nachdem Sie ihm die Firma gezeigt und ein kurzes Gespräch mit ihm geführt haben, begrüßen Sie ihn im ganzen Team und stellen Sie ihm einen Mentor zur Seite, der ihn einweist und ihn mit den ersten Spielregeln vertraut macht. Am Ende des ersten Arbeitstags verabschieden Sie ihn, fragen Sie nach seinen ersten Eindrücken und geben Sie ihm eine erste Aufgabe für die nächsten Tage.

Ein Muster für eine Erste-Hilfe-Liste für Neuankömmlinge halte ich für Sie auf meiner Homepage bereit (*http://www.strassenberger.com*).

5.5 Motivation im Team

Motivieren Sie mit der Gallier-Methode

Sicher kennen Sie die berühmten Comics von Goscinny und Uderzo, in denen Asterix der Gallier unglaubliche Kräfte entwickelt und genauso viel leisten kann wie zehn starke Männer, und das nur durch einen Schluck seines Zaubertranks. Vor diesem durch diese geheimnisvolle Mixtur motivierten, schnelleren, stärkeren und selbstbewussteren Krieger erschauern ganze römische Legionen. ... – Was wäre, wenn Sie die Zutaten dieses Druidengebräus kennen würden? Was glauben Sie, wie produktiv Ihre Mitarbeiter dann wären? Außer dem aus den Comics bekannten Bestandteil Misteln, behaupte ich, der Rest ist Motivation und ein guter Chef!

Mit Motivation können Sie Berge – oder zumindest Aktenberge – versetzen. So ist ein innerer Antrieb, etwas Sinnvolles, Richtungsweisendes zu leisten und in der Gruppe anerkannt zu sein. Motivierte Mitarbeiter sind gut gelaunt, stark, produktiv und engagiert, und Sie als Chef haben es in der Hand, ein motivierendes Umfeld zu schaffen.

Motivation zahlt sich aus!

Es ist längst kein Geheimnis mehr: Ein gewisser Aufwand für Motivation und ein gutes Arbeitsklima lohnt sich auch umsatztechnisch. Eine Studie des österreichischen Beraterunternehmens Eutonia kam letztes Jahr beispielsweise zu dem Ergebnis, dass durch ein schlechtes Arbeitsklima ein Unternehmen von fünf bezahlten Mitarbeitern nur die Arbeitsleistung von vier Mitarbeitern erhält, der sogenannte 5:4-Effekt. Im Schnitt verbraucht dabei jeder Mitarbeiter 96 Minuten pro Tag für die Auswirkungen, die durch die schlechte Stimmung entstehen, beispielsweise Konflikte, Beschwerden, Mehraufwand durch hohe Mitarbeiterfluktuation. Gerade die guten Mitarbeiter werden schnellstmöglich das Unternehmen in Richtung eines neuen Jobs verlassen. Die Handlungsfähigkeit von Teams wird durch das ständige Kommen und Gehen der Kollegen immens eingeschränkt. Andere Mitarbeiter werden damit zur „inneren Kündigung" verleitet, sie verrichten dann ihren Dienst nach Vorschrift und tun gerade das Notwendigste, von eigenverantwortlichem Arbeiten oder Interesse am Ergebnis ist hier keine Spur. Dieser 5:4-Effekt kostet das Unternehmen somit eine Prämie von 20 Prozent für schlechte Stimmung und Demotivation (Quelle: marktundmittelstand.de, 07.08.2008). Diese 20 Prozent können Sie besser in Motivationsmaßnahmen investieren!

Was wünschen sich Ihre Mitarbeiter?

Überlegen Sie, was sich Ihre Mitarbeiter wünschen, was könnte für sie als Motivationszaubertrank wirken? Sie werden merken, dass Sie als Chef gar nicht den Weihnachtsmann mit Geschenksack spielen müssen. Ihre Mitarbeiter wollen einfach als Individuum wahrgenommen und persönlich behandelt werden. Sie wollen gerechte und leistungsabhängige Weiterentwicklungsmöglichkeiten. Auch Eigenverantwortlichkeit, Mitbestimmung oder ausreichende Kompetenz zur Erledigung der Aufgaben stehen in vielen Unternehmen weit oben auf dem Wunschzettel. Es geht im Normalfall nicht um teure Geschenke, sondern Sie als Führungskraft sind gefordert, die richtigen Maßnahmen für eine motivierte Atmosphäre zu ergreifen:

Es gibt vier grundsätzliche Möglichkeiten zu motivieren:

- Materielle Anreize: Geld, Geschenke, Vergünstigungen
- Verbale Anreize: Lob, Komplimente, persönliches Interesse im Gespräch
- Gruppenerlebnisse: Ausflüge

- Berufliche Anreize: mehr Kompetenz, Fortbildungsangebote, Aufstieg in der Hierarchie

Wann Sie welches Mittel für wen einsetzen sollten, ist schwer zu sagen, es hängt vom Mitarbeiter persönlich ab. Sie können sich anhand des Ist-Zustands eines Mitarbeiters und der Bedürfnispyramide des Psychologen Abraham Maslow einen Plan zurechtlegen. Die Pyramide stellt eine Rangordnung der Bedürfnisse des Menschen dar. Sie lässt sich hier auch auf Arbeitsmotivationsmaßnahmen übertragen. Ist ein Bedürfnis bereits befriedigt, bedeutet es für einen Mitarbeiter keinen Anreiz mehr, sondern ist der normale Standard. Dann sollten Sie mit Ihrem Mitarbeiter die nächste Stufe erklimmen.

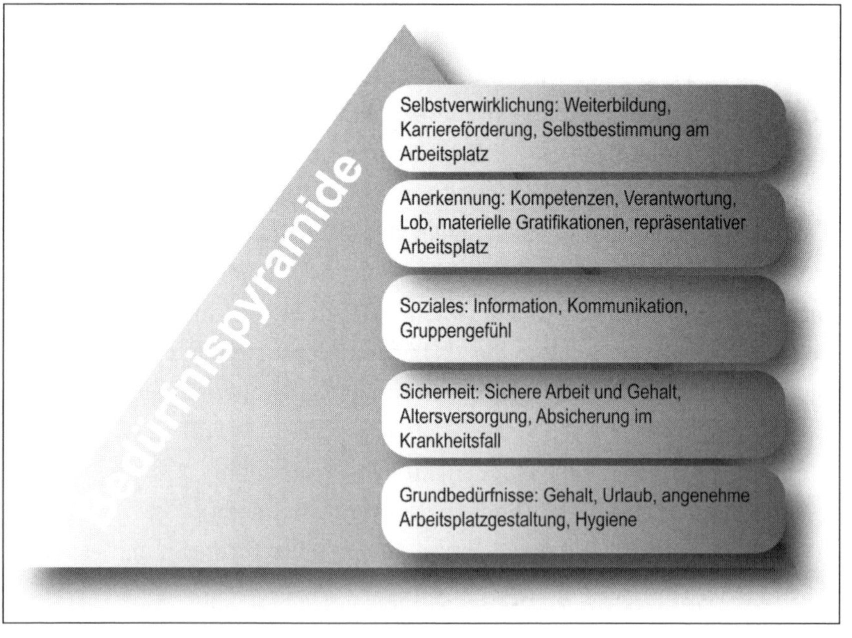

Abbildung 16: Bedürfnispyramide

Mit finanziellen Gratifikationen, standardisiertem Lob oder aufregenden Events werden Sie jeweils nur ein kurzes Strohfeuer der Begeisterung entfachen. Langanhaltende Begeisterung erhalten Sie nur, wenn Sie Ihre Mitarbeiter informieren, was die Ziele sind und wofür sie arbeiten. Lassen Sie sie mitbestimmen. Planen Sie gemeinsam deren Karriere mit Zielvereinbarungen und belohnen Sie vor allem gute Leistungen mit viel Lob und Anerkennung.

So brauen Sie das Motivations-Elixier richtig

1. Schaffen Sie eine Vertrauensbasis, das ist eine der wichtigsten Maßnahmen für motiviertes Arbeiten und verursacht null Zusatzkosten. Nur so kann in einer entspannten Atmosphäre gearbeitet werden. Einem wilden Wolf können Sie auch gewisse Kommandos beibringen und diese Arbeiten dann abfragen, aber er führt den Befehl nur gegen die Aussicht auf eine sofortige Belohnung aus, bleibt immer misstrauisch und nervös. Ohne Belohnung gibt es auch keine Leistung mehr von ihm. Der zahme Hund hingegen hat Vertrauen zu seinem Herrn, er befolgt durchaus auch Befehle, wenn es keine sofortige Futterbelohnung gibt, er weiß, irgendwann gibt es wieder etwas, und es geht ihm bei seinem Menschen gut. Heulen Sie deswegen in Ihrem Unternehmen nicht mit den Wölfen, kultivieren Sie das Miteinander und das Vertrauen untereinander, nur so können Sie zusammen langfristige Ziele ins Auge fassen. Zeigen Sie Ihren Mitarbeitern, dass sie auf Sie stets bauen können, halten Sie Zusagen und Versprechen immer ein. Liefern Sie sie nicht schutzlos bei begangenen Fehlern an übergeordnete Stellen aus. Behandeln Sie Fehler konstruktiv und drohen Sie niemals mit Entlassung.

2. Loben Sie, wo immer Sie etwas Positives erkennen. Ein persönliches Lob zur richtigen Zeit kann Ihrem Mitarbeiter mehr bedeuten als jede materielle Gratifikation (siehe Kapitel 2: *Gesprächsführung. Die Kunst des Lobens*).

3. Bedanken Sie sich für jeden Einsatz Ihrer Mitarbeiter. Keine Überstunde sollte als selbstverständlich hingenommen werden. Sagen Sie immer sofort etwas Anerkennendes und zeigen Sie auch, dass es Ihnen viel bedeutet. Ein Architekturbüro in München belohnt Mitarbeiter in heißen Phasen dadurch, dass Pizzen und Getränke, die nach 19 Uhr ins Büro bestellt wurden, auf Rechnung des Chefs gehen.

4. Interessieren Sie sich ernsthaft für Ihre Mitarbeiter. Nehmen Sie sich häufig Zeit für ein kurzes Gespräch mit jedem Mitarbeiter, hören Sie zu. Er wird Ihre Wertschätzung spüren, wenn Sie sich Dinge, die ihn beschäftigen, merken und Details, die er erzählt hat, später aufgreifen („Hat Ihr Sohn die Fahrprüfung gestern bestanden?"). Durch das Gespräch erfahren Sie auch, was Ihre Mitarbeiter interessiert, und können so Anreize schaffen. So viele Motivationsmethoden es gibt, so viele Individuen gibt es in der Arbeitswelt, die jeweils anders auf Anreize reagieren. Besondere Motivationsschübe können Sie auslösen, indem Sie bereit sind, Lösungen für Ihren Mitarbeiter zu finden, das kann der Wunsch nach einem Arbeitszeitmodell für junge Eltern sein, oder Betreuungsangebote für deren Kinder. Die Angestellte eines Steuerberaters, mit der ich während einer Zugfahrt ins Gespräch kam, erzählte mir begeistert von ihrer Arbeitsstelle. Überstunden und teilweise auch Samstagsarbeit erledigte sie gerne, denn ihr Chef erlaubte ihr, ihren Hund mitzubringen. So konnte sie flexibel auch länger arbeiten, ohne Schwierigkeiten mit dessen Betreuung zu bekommen. Damit war sowohl dem Steuerberater als auch ihr und ihrem Hund geholfen.

5. Infizieren Sie andere mit Ihrer Motivation. Sie müssen selbst von einer Sache begeistert sein, um andere begeistern zu können. Ihre Energie und Ihr Enthusiasmus sind die wichtigsten Motivationsimpulse für Ihre Mitarbeiter.

6. Schärfen Sie Ihren Gerechtigkeitssinn. Versuchen Sie, alle Mitarbeiter mit gleichem Maß für Leistungen zu belohnen. Loben Sie nur, wenn Sie es ehrlich meinen, und bleiben Sie authentisch!

7. Unternehmensgewinn durch Eigennutz. Ein besonders wirkungsvolles Mittel für nachhaltige Motivation ist, Mitarbeiter am Unternehmenserfolg unmittelbar teilhaben zu lassen. Ist ein Teil des Gehalts in Form einer Gewinnbeteiligung festgeschrieben, so profitiert der Mitarbeiter unmittelbar von seinen guten Leistungen und er bekommt die Auswirkungen von schlechten Ergebnissen auch zu spüren. Somit ist der Anreiz des Einzelnen für das Unternehmen effizient zu arbeiten, sehr hoch.

Bei einer Kanzleischulung war ich sehr positiv überrascht von den Teilnehmern dieser Anwaltskanzlei. Diese waren sehr motiviert, stellten viele Fragen und wollten unbedingt von dieser Intensivschulung viel in die Praxis mitnehmen können. Bei näherem Kennenlernen erfuhr ich, dass in dieser Anwaltskanzlei die Mitarbeiter ähnlich wie selbstständige Unternehmer arbeiteten. Die Motivation war dadurch immens.

Checkliste für Mitarbeitermotivation

1. Haben Ihre Mitarbeiter Vertrauen in Sie?
2. Loben Sie genug?
3. Stehen Sie so viel wie möglich in persönlichem Kontakt zu Ihren Mitarbeitern?
4. Zeigen Sie Ihren Mitarbeitern, wie sehr Sie sie schätzen?
5. Halten Sie Zusagen immer ein?
6. Geben Sie immer ein ehrliches und sofortiges Feedback?
7. Formulieren Sie Arbeitsziele deutlich? Informieren Sie Ihre Mitarbeiter ausreichend?
8. Legen Sie konkrete Stellenbeschreibungen fest und besprechen Sie mit jedem Mitarbeiter Zielvereinbarungen?
9. Planen Sie motivationsbildende Maßnahmen?
10. Beziehen Sie Ihr Team nach Möglichkeit in Ihre Entscheidungsfindung mit ein?

5.6 Teamkonflikte

Bis zu 40 Prozent Leistungsabfall entsteht laut Experten durch eine schlechte Arbeitsatmosphäre. Darüber hinaus wird jede Kreativität nahezu im Keim erstickt. Andersherum gesagt: Sie können die Produktivität Ihres Unternehmens mit den bereits vorhandenen Ressourcen um ein Vielfaches steigern, indem Sie das Zwischenmenschliche pflegen.

Hier geht es keinesfalls um pure Harmonie und eitel Sonnenschein, sondern um konstruktiven Umgang mit Konflikten. Dazu gehört zu allererst, dass Sie Auseinandersetzungen als etwas völlig Normales und im Endeffekt sogar Nützliches ansehen. Sie sind als Alarmsignale zu verstehen, die aufzeigen, wo im Unternehmen Verbesserungsbedarf herrscht und die Arbeit effektiver gemacht werden kann. Ignorieren oder erkennen Sie Konflikte nicht, so können diese die Zusammenarbeit vergiften.

Ursprung und Eskalation

Konflikte entstehen schnell durch:
- schlechtes Kommunikationsverhalten
- fehlenden Teamgeist
- Fehlverhalten des Teamleiters
- nicht klar abgegrenzte Kompetenzbereiche
- persönliche Antipathien
- unterschiedliche Denkweisen

Ein Streit ist keine unvorhersehbare Katastrophe, es ist ein schleichender Prozess, der sich auf drei Eskalationsstufen abspielt. Wenn Sie die Vorzeichen richtig erkennen, sind Sie in der Lage, frühzeitig einzugreifen.

Stufe 1: Verhärtung

Die meisten Konflikte haben einen ganz harmlosen Ursprung. Zwei Kollegen sind bei einer fachgebundenen Frage unterschiedlicher Meinung. Eine sachliche Diskussion entsteht daraus, wobei jeder noch für die Argumente des anderen zugänglich ist. Allerdings fühlen Sie sich vom anderen jeweils nicht verstanden. Lässt sich die Auseinandersetzung in der ersten Ebene nicht klären, beginnen die Kontrahenten, die Debatte zunehmend als „mühsam" zu empfinden. Aus der sachlich begründeten Ansicht „Der andere versteht mich nicht" wird „Der andere will mich nicht verstehen". Die Folge: Dem Gegenüber wird eine „böse" Absicht unterstellt – er wird zum Gegner.

In folgendem Beispiel gehen wir von einem äußerst motivierten Mitarbeiter aus, über den Sie sich eigentlich freuen können. Er beginnt seine neue Tätigkeit mit viel Elan und Ehrgeiz. Schnell übernimmt er nicht nur seine Rolle, sondern fängt an, sich für alles verantwortlich zu fühlen. Er lässt keine Gelegenheit aus, auf mögliche Verbesserungen hinzuweisen, und diese müssen möglichst sofort umgesetzt werden, wenn es nach seinem Willen geht. Mit seinem Verhalten eckt er besonders bei dem dienstältesten Teammitglied Eugen Maier an, der für die Verwaltung des Materials und die Beschaffung der Software verantwortlich ist. Jeden Tag wird er von dem Neuen mit Sonderwünschen bedrängt, zum Beispiel nach der Beschaffung einer besseren Software, darüber hinaus sei der Videobeamer schon vor zwei Tagen kaputtgegangen: „Warum gibt es immer noch keinen Ersatz?" Eugen Maier erklärt, dass er im Moment keine Zeit habe, sich darum zu kümmern. Außerdem gebe es dringlichere Anschaffungspläne, die vor dieser Software bestellt werden müssten. Der Neue bestreitet, dass Eugen Maier die eklatante Dringlichkeit der von ihm benötigten Software beurteilen könne. Eugen Maier fühlt sich zurückgesetzt und von „Mr. Wichtig" gegängelt. Der Konflikt beginnt zu brodeln. Der neue Kollege versteht nicht, dass seine konstruktiven Ansätze von Eugen Maier nur mürrisch und zögernd aufgenommen werden. Wahrscheinlich – so vermutet er – will der Kollege ihn einfach nicht verstehen.

Stufe 2: Debatte Polemik

Der eigentliche Ursprung des Konflikts – die unterschiedliche Meinung in einer sachlichen Frage – ist vergessen. Es geht nur noch um die Auseinandersetzung. Der verhasste Gegner soll torpediert werden, oft wird der Konflikt auch durch die Suche nach Verbündeten ausgeweitet. Die feindlichen Lager können die gesamte Gruppe spalten. Dabei herrscht Uneinigkeit, worin der Konflikt eigentlich besteht. Es findet keine Diskussion statt, sondern die Streitgegner reden nur noch gegeneinander an. Die Situation ist zerfahren, keine der Parteien kann unvoreingenommen auf die andere zugehen und keiner will sein Gesicht verlieren, deswegen scheint es keinen praktikablen Ausweg mehr zu geben.

Die Fronten im Team sind verhärtet. Eugen Maier hat längst festgestellt, dass er nicht der einzige ist, der Probleme mit dem Neuling hat. Alle Teammitglieder sind sich einig: Der neue Mitarbeiter ist ein Störfaktor. Der wiederum schreibt eine E-Mail an Eugen Maier, in der er sich über Mobbing-Verhalten und Ignoranz beschwert. Eugen Maier schüttelt den Kopf und fragt sich, warum sich der Neue denn so habe? Schließlich will eigentlich jeder nur in Ruhe seine Arbeit machen. Er schlägt vor, dass er eben den Videobeamer und die geforderte Software sofort besorgt, wenn dann wieder Ruhe einkehrt. Der neue Mitarbeiter erklärt, dass es hier ums Prinzip gehe und mit einem einmaligen Bestellvorgang die Probleme im Team keineswegs aus der Welt wären.

Stufe 3: Taten statt Worte

Wenn Reden nicht mehr weiter hilft, folgen Taten. Es existiert keine Kommunikation mehr, durch die Politik der vollendeten Tatsachen beschleunigt sich der Konflikt.

Der neue Mitarbeiter informiert den übergeordneten Chef über die vermeintliche Behinderung seiner Arbeit, nennt dafür Verantwortliche beim Namen und schildert die fatalen Konsequenzen für den Konzern, wenn der betref-

fende Kollege nicht zur Räson gebracht würde. Eugen Maier hat den bedingungslosen Rückhalt bei seinen Kollegen, als das bekannt wird. Der Neuling wird aus der Gemeinschaft ausgeschlossen, er erhält weder berufliche Informationen noch erfährt er Unterstützung im Team. Spätestens an dieser Stelle ist höchste Eile für den Teamleiter geboten einzugreifen, um diesen Konflikt noch schadlos als Team überstehen zu können.

Konflikte erkennen und entschärfen

Im Idealfall haben Sie in Ihrem Team eine hervorragende Konfliktkultur, Sie haben gelernt, offen alles anzusprechen und keine Auseinandersetzung zu unterdrücken. Sie können Ihre Bedürfnisse einbringen und verteidigen, ohne ein verwüstetes Schlachtfeld zu hinterlassen. Dann können Sie beruhigt das restliche Kapitel über Konflikte überblättern. Denn Ihnen sind die im Folgenden genannten Gefahrenzonen, die bei der Teamarbeit lauern, und die Gegenmittel bekannt.

Konfliktpotenzial im Vorfeld minimieren

1. Überlegen Sie sich vor Projektbeginn, wo in Ihrem Team Reibungen auftreten könnten. Es gibt Personengruppen, die statistisch gesehen häufiger in Konflikte geraten als andere. Dazu gehören:
   - die Altersgruppe der Azubis und Berufsanfänger oder die der langjährigen Mitarbeiter
   - Kollegen, die eine gewisse Rücksichtnahme erfordern, wie Behinderte, Alleinerziehende oder gesundheitlich Beeinträchtigte
   - Ausländer mit fremden Kulturgewohnheiten oder Sprachbarrieren
   - Mitarbeiter mit extremen Lebenseinstellungen, von denen sie auch andere stets überzeugen wollen (militante Raucher, Nichtraucher, Vegetarier, Sportfanatiker ...)

Fingerspitzengefühl ist gefordert, wenn das Team sehr bunt gemischt ist und wenige Gemeinsamkeiten bei Interessen, Lebens- und Arbeitseinstellung erkennbar sind.

2. Stellen Sie früh Spielregeln auf und achten Sie darauf, dass sie auch eingehalten werden. Darin sollte ein Passus enthalten sein, dass Konflikte sofort offen angesprochen werden.

3. Legen Sie genaue Trennlinien zwischen den Aufgabenfeldern der Teammitglieder fest.

Konfliktpotenzial während des laufenden Projekts erkennen

Es gibt konkrete Anzeichen dafür, dass etwas mit der Stimmung im Team nicht in Ordnung ist. Achten Sie auf folgende Punkte:

Sozialverhalten

- Cliquenbildung/Isolation
- Konkurrenzverhalten
- Bezogenheit auf Personen statt auf sachliche Fakten
- Kommunikations- und Koordinationsabläufe werden schwieriger.
- Vertrauensverlust
- Angespannte und aggressive Atmosphäre
- Prinzipienreiterei
- persönliche Animositäten
- niemand übernimmt Verantwortung
- Leistungsabfall

Arbeitsverhalten

- Infragestellen der Teamstruktur (Zweifel an Autorität des Teamleiters und der Kompetenzaufteilung)
- Es stehen nicht mehr alle Kollegen hinter der Zielvereinbarung.
- Die Aufgabenverteilung wird von Einzelnen ignoriert.
- Entscheidungsfindung wird blockiert.

- Kontrollmechanismen werden unterlaufen.
- Kompetenzen werden zum persönlichen strategischen Weiterkommen eingesetzt.

Sobald die genannten Anzeichen in erhöhter Zahl auftreten, müssen Sie schnellstens handeln. Bringen Sie Ihr Team unbedingt dazu, wieder miteinander zu reden und einander wieder zuzuhören. Nur so können Sie eine drohende Eskalation abwenden. Unterdrücken Sie niemals eine Auseinandersetzung, schon gar nicht mit Parolen wie *„Wir sind doch alle erwachsen!“* oder *„Aber wir sind doch alle ein Team“* und Ähnlichem. Damit verdrängen Sie die Probleme nur auf andere Ebenen.

Konfliktlösung

1. Sprechen Sie mit den Beteiligten zunächst allein, um sich umfassend und objektiv zu informieren. Je größer das Ärgernis, desto offensiver sollten Sie damit umgehen. Fragen Sie jeden Streitgegner in einem ungestörten Augenblick ohne Umschweife nach seinen Problemen („Mir ist aufgefallen, dass es in letzter Zeit Meinungsverschiedenheiten mit … gab?“) und lassen Sie sich deren Sicht der Dinge schildern. Sichern Sie dabei verbindlich zu, dass das Gespräch vertraulich bleibt.

2. Ordnen Sie den Konflikt ein:
   - Worum geht es?
   - Wer ist beteiligt?
   - Was ist die Absicht „der Gegner“?
   - Gibt es eine Vorgeschichte oder einen erkennbaren Ursprung?
   - Gibt es konfliktfördernde Faktoren?
   - Wie fortgeschritten ist der Konflikt?
   - Gibt es bisher erfolgte Schlichtungsversuche?

3. Verabreden Sie dann ein gemeinsames Gespräch und nehmen Sie hier die Rolle eines unparteiischen Moderators an, der nur vermittelt. Wählen Sie dazu einen störungsfreien Ort.

Sieben Phasen des Konfliktgespräches

1. Vorbereitung

Wenn die Beteiligten zum Gespräch zusammenkommen, schaffen Sie gleich zu Anfang günstige Bedingungen, damit der Konflikt aus der Welt geschafft werden kann. Die zerstrittenen Kollegen müssen ernsthaft daran interessiert sein, eine Lösung zu finden. Dafür ist absolute Offenheit und gegenseitiges Zuhören Grundbedingung. Am schwersten einzuhalten ist die Vorgabe, dass das Gespräch in keinem Fall ausarten darf. Das einzige Werkzeug zur Lösung soll das sachlich ausgesprochene Wort sein. Seitenhiebe, Sarkasmus oder sogar Ausfälligkeiten müssen von allen bewusst vermieden werden. Betonen Sie Ihre neutrale Vermittlerrolle und dass beide Parteien gefordert sind, eigenständig eine Lösung zu finden, Sie dagegen können und wollen nur unterstützen!

2. Darstellung der Ausgangsposition

Stellen Sie kurz die Problematik dar und bitten Sie dann beide Parteien um eine subjektive Darstellung des Sachverhalts. Stellen Sie sicher, dass dabei ausschließlich die Ich-Form verwendet wird, dulden Sie keine Aussagen mit „man", „wir", „die meisten". Versuchen Sie das Gespräch mit offenen Fragen in Gang zu bekommen („was, wo, wie, woran, wozu, wann"). Vermeiden Sie nur die Frage „warum", da sie allzu leicht nach einer Schuldzuweisung klingt. Haken Sie bei nicht eindeutigen Aussagen sofort nach, damit keine Unklarheiten für zusätzliche Verwirrung sorgen. Sortieren Sie die verschiedenen Gesichtspunkte. Sorgen Sie dafür, dass die Beteiligten immer über die gleiche Sache diskutieren. Spielen Sie die Problematik nicht herunter („Ist das denn so schlimm?"). Lassen Sie den Gegnern Zeit und achten Sie darauf, dass Kräftegleichheit herrscht und keiner die Diskussion dominiert.

3. Subjektive Empfindungen

Ist die Ausgangsposition geklärt, können Sie einen Schritt nach vorne wagen. Animieren Sie beide Seiten, über ihre gefühlsmäßige Wahrnehmung des Sachverhalts zu sprechen. Wie werden das Problem und die damit verbundenen Auswirkungen empfunden? Hier wird gegenseitiges Verständnis gefördert, Verhaltensmuster werden erklärt und erste Wünsche für eine mögliche Verbesserung der Situation formuliert.

4. Gemeinsamkeiten und Differenzen

Suchen Sie nach Gemeinsamkeiten. Wo sind Ansatzpunkte, in denen Einigkeit herrscht? Sprechen Sie auch die Punkte an, die momentan noch gegensätzlich sind.

5. Brainstorming nach Lösungen

Die Konfliktparteien können in dieser Phase möglichst vielfältige Lösungsansätze entwickeln. Schlagen Sie als Moderator keine Lösungen vor und bewerten Sie die Vorschläge nicht. Ist die Kreativität erst einmal freigesetzt, wird sich die Stimmung deutlich entspannen.

6. Auswahl der richtigen Lösung

Hier sind Kompromisse gefragt: Aus den angedachten Zielen muss das für beide Seiten Machbare und Akzeptable ausgewählt werden. Wägen Sie hier bei jeder Lösung das Für und Wider ab, voreilige oder halbherzige Entschlüsse können in eine Sackgasse führen.

7. Abschluss

Fassen Sie die gefundene Lösung zusammen und holen Sie sich von beiden Seiten die Zustimmung dazu ein. Planen Sie die Umsetzung der Lösung: wer was bis wann durchführt. Der Beschluss sollte unbedingt schriftlich festgehalten werden. Vereinbaren Sie zuletzt noch einen Termin zum Bewährungscheck, um sich davon zu überzeugen, dass die Lösung zufriedenstellend für alle Beteiligten umgesetzt wurde und funktioniert. Gegebenenfalls müssen auch einzelne Punkte nochmals abgewandelt werden.

Halten Sie weiterhin Augen und Ohren offen, um auch bei den nächsten Konflikten so früh wie möglich als Feuerwehr zur Stelle sein zu können. Versuchen Sie auch Ihre eigene Funktion bei Konflikten kritisch zu beobachten, um Ihr Schlichtungsverhalten verbessern zu können. Vor allem versuchen Sie eine Vorbildfunktion für konstruktives Konfliktverhalten einzunehmen. Denn auch Sie selbst werden immer wieder in Auseinandersetzungen involviert sein.

Bedrohliche Eskalation

Am Anfang des Kapitels über Teamkonflikte habe ich Ihnen die drei Stufen eines Konflikts geschildert, das war aber nur die halbe Wahrheit. Man unterscheidet weitere sechs Stufen bis zum Abgrund. Dabei handelt es sich um Konflikte, die noch viel weitergehen und manchmal vollkommen aus dem Ruder laufen, sodass eine zufriedenstellende Lösung für die verfeindeten Parteien nicht mehr ohne Schaden möglich ist.

Nach F. Glasl gibt es neun Stufen einer Eskalation. Die richtige Einschätzung der Konfliktstufe ist für den Teamleiter wichtig, um den richtigen Lösungsansatz zu wählen:

Charakteristika der neun Konfliktstufen der Eskalation

1. Verhärtung:
Unterschiedliche Standpunkte auf sachlicher Ebene führen zu einer Anspannung der Situation.

2. Debatte, Polemik:
Es geht nicht mehr um die Sache, sondern ums Recht. Eine konstruktive Diskussion findet nicht mehr statt, jeder will den anderen missionarisch von seiner eigenen Meinung überzeugen.

3. Taten statt Worte:
Wenn Reden nicht mehr vorwärtsbringt, handeln die Konfliktparteien und stellen den anderen vor vollendete Tatsachen. Das Team spaltet sich in zwei feindliche Lager.

4. Images und Koalitionen:
Bewusstes Herabsetzen des Gegners mit Sarkasmus und verbalen Spitzen. Das Gegenüber wird zum Klassenfeind stilisiert. Das führt zu einer verzerrten Darstellung von fachlichem Know-how und Arbeitsleistung. Radikales Denken greift um sich, es gibt keine neutralen Teammitglieder mehr. Wer nicht Freund ist, wird automatisch zum Feind.

5. Gesichtsverlust:
Die bisher unterschwellige Diffamierung des Gegners weicht öffentlicher Rufschädigung, die Glaubwürdigkeit des Gegners soll untergraben werden. Es geht nicht mehr um einen sachlichen Konflikt, nicht mehr um ein menschliches Problem, sondern um Ideologien.

6. Drohstrategien:
Drohungen, Ultimaten und Machtdemonstrationen zwingen zu Handlungen. Der Stressfaktor steigt stark an. Das Ziel ist, absolute Macht und Kontrolle zu erlangen.

7. Begrenzte Vernichtungsschläge:
Dem Gegner soll mit allen Mitteln geschadet werden. Er wird nicht mehr als Mitmensch wahrgenommen, er ist ein feindliches Objekt. Auch kleinere Eigenschäden werden in Kauf genommen, um dem Feind zu schaden.

8. Zersplitterung:
Oberstes Ziel ist die völlige Vernichtung des Gegners unter Zuhilfenahme sämtlicher Kriegsstrategien, bis hin zu Bauernopfern.

9. Gemeinsam in den Abgrund:
Die totale Konfrontation tobt im Team, auch Selbstzerstörung wird in Kauf genommen. Es geht um Sieg oder bedingungslose Kapitulation.

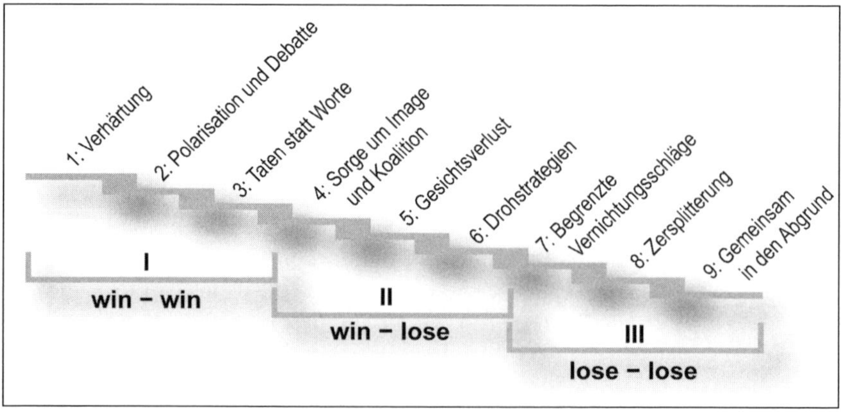

Abbildung 17: Die neun Konfliktstufen der Eskalation

Lösungsansätze

Stufen 1 bis 3: Win-Win-Ergebnis wird angestrebt:
Wird der Konflikt frühzeitig erkannt und angegangen, so ist er meistens noch, wie im Vorhergehenden beschrieben, gewinnbringend zu lösen. Schwachstellen werden damit angezeigt und können nachgebessert werden. Die Gegner lernen wieder aufeinander zuzugehen, der Teamgeist wird dadurch langfristig sogar gestärkt. Als Teamleiter können Sie hier strategisch darauf bauen, dass durch eine Lösung jeder zufriedengestellt werden kann.

Stufe 4 bis 6: Win-Lose-Ergebnis ist wahrscheinlich:
Ist die Auseinandersetzung erst einmal so weit eskaliert, gibt es kaum noch Hoffnung, durch Gesprächsschlichtung ein Ergebnis zu finden, das für beide Seiten akzeptabel ist. Eventuell ist mit einer langfristigen psychologischen Begleitung doch noch ein Konsens zu finden und die Zusammenarbeit erholt sich wieder. In dieser Phase kann es aber auch sein, dass eine Seite die Konsequenz zieht und das Feld räumt, beispielsweise den Job kündigt.

Stufe 7 bis 9: Lose-Lose-Ergebnis:
Mit Moderation kann hier kein Weg aus der Krise gefunden werden. Sie können als Vorgesetzter nur noch ein Machtwort sprechen und die Lage autoritär regeln. Damit können beide Seiten nur verlieren. Für den Teamgeist ist eine derartige Eskalation fatal.

5.7 Umgang mit Fehlern

„Mit all der Mühe, mit der wir manche unserer Fehler verbergen, könnten wir sie uns leicht abgewöhnen."
(Michelangelo)

Um das Thema „Fehler" machen viele Menschen instinktiv einen großen Bogen. Macht jemand einen Fehler, ist das meist mit negativen Konsequenzen verbunden. In der Schule erhält man für Fehler eine schlechte Note, antwortet man in der Klasse falsch, wird man ausgelacht. Ihre Herausforderung besteht darin, jedem einzelnen Teammitglied dieses falsche Streben nach Perfektion auszureden. Aus Fehlern können Sie mehr lernen als aus allen Arbeitsvorgängen, die reibungslos ablaufen. Es kommt nur darauf an, wie Sie mit den Fehlern in Ihrem Team umgehen:

Schritt 1: Fehler entdecken

Fördern und fordern Sie, dass Fehler von jedem Teammitglied erkannt und mit Ihnen besprochen werden. Das erreichen Sie, indem Sie eine gesunde Vertrauensbasis im Team schaffen. Nur wenn Sie bei der Fehleranalyse keine Hetzjagd auf den Schuldigen veranstalten, um diesen mit Sanktionen zu bestrafen, werden Sie auch in Zukunft von Fehlern erfahren. Herrscht im Team Angst vor Fehlern, werden sie entweder vertuscht oder es wird vom eigentlichen Verursacher viel Arbeitszeit darauf verschwendet, damit ein anderer als Sündenbock vorgeführt werden kann. Das ist schlecht für die Arbeitsmoral und den Teamgeist. Der daraus auch entstehende Druck, sich keinesfalls einen Fehler zu erlauben, wird die Produktivität erlahmen lassen. Gehen Sie mit gutem Beispiel voran. Geben Sie auch Ihre eigenen Fehler zu. Machen Sie Ihren Mitarbeitern klar, dass nur wer gar nichts tut, auch keine Fehler macht. Fehler gehören zur Arbeit dazu, bei jedem!

Schritt 2: Konsequenzen und Ausmaß bestimmen

Klären Sie zunächst, welches Ausmaß der Fehler hat und welche Konsequenzen er nach sich zieht.

Beantworten Sie sich folgende Fragen:

- Was ist passiert?
- Wer ist davon betroffen? – Wer muss informiert werden?
- Welche Folgen zieht der Fehler nach sich und wie schlimm sind die Auswirkungen?
- Welchen Schaden können Sie noch begrenzen? Was ist dafür zu tun?
- Mit welchen Auswirkungen müssen Sie und Ihr Team weiterarbeiten?

Je folgenschwerer der Fehler ist, desto schneller müssen Sie handeln. Auch häufig auftretende Fehler sollten mit höherer Priorität behandelt werden als kleine, seltene Fehler ohne große Auswirkungen. Letztere können gelegentlich in einer Teambesprechung geklärt werden.

Schritt 3: Ursachen erkennen und abstellen

Informieren Sie alle Mitarbeiter, die es betrifft, über den Fehler. Gehen Sie gemeinsam der Fehlerursache auf den Grund. Ist das Problem erkannt, suchen Sie Maßnahmen, um diesen hier fehlgeschlagenen Arbeitsschritt effizienter und sicherer zu gestalten. Ändern Sie die Rahmenbedingungen oder Arbeitsabläufe. Sorgen Sie für mehr Transparenz und bessere Kommunikation. Sind dafür hohe Investitionen notwendig, können Sie sich auch überlegen, Fehler zu tolerieren.

Hat ein Mitarbeiter den Fehler verursacht, beschuldigen Sie ihn nicht. Versuchen Sie im Gespräch mit ihm konstruktiv Lösungen zu finden, damit der Fehler nicht wiederkehrt. Mögliche Ursachen und deren Vermeidungsmöglichkeiten sind hier:

Mangelnde Qualifikation: Der Mitarbeiter kann noch einmal besser angeleitet werden, vielleicht kann ihm ein Teammitglied als Mentor zur Seite gestellt werden, oder es lassen sich geeignete Fortbildungsmaßnahmen finden.

Unzureichende Selbstorganisation: Helfen Sie Ihrem Mitarbeiter, seine Arbeitsabläufe und seine Arbeitszeit besser zu strukturieren. Ermutigen Sie ihn, seine Arbeit durch kleinstmögliche Unterziele zu definieren, diese lassen sich besser von ihm kontrollieren.

Motivationslosigkeit: Finden Sie den Grund für die schlechte Arbeitsmoral. Ist Ihr Mitarbeiter überfordert oder unterfordert, können Sie die Aufgaben und Kompetenzen genauer auf ihn zuschneiden. Der mangelnde Antrieb könnte auch auf einen Teamkonflikt hinweisen (siehe Kapitel *Teamkonflikte*). Falls persönliche Probleme des Mitarbeiters die gesunkene Arbeitsmoral verursacht haben, müssen Sie die Maßnahmen mit ihm zusammen nach seinen und Ihren Möglichkeiten besprechen.

Schritt 4: Maßnahmen kontrollieren

Überprüfen Sie konsequent, ob die von Ihnen beschlossenen Maßnahmen auch greifen. Nehmen Sie, falls notwendig, Korrekturen vor. Erwähnen Sie jede Verbesserung positiv und achten Sie auch weiterhin auf ein offenes Klima im Team, denn der nächste Fehler schlummert bestimmt schon wieder irgendwo ...

Das Fehlerprotokoll

Es ist sinnvoll, über jeden Fehler, der sich ereignet, ein Fehlerprotokoll zu erstellen. Nur so behalten Sie den Überblick und können zuverlässig die Umsetzung beschlossener Maßnahmen kontrollieren. Wenn an einer Stelle gehäuft Fehler auftreten, können Sie so überlegen, was für grundsätzliche Verbesserungsmaßnahmen Sie in dieser Abteilung ergreifen können. Auch können Sie sich bei schwieriger Sachlage eines Fehlers durch das „Fehlermemorandum" inspirieren lassen, wie Sie bei ähnlichen Fehlern früher erfolgreich reagiert haben.

Beispiel für ein Fehlerprotokoll:

Fehlerprotokoll	
Fehler Beschreibung Zeitpunkt/Ort Häufigkeit	 ... .../... ☐ Erstmalig ☐ Selten ☐ Häufig
Fehlerqualität	☐ Tolerierbar ☐ Mittlere Auswirkung ☐ Schlimme Auswirkung
Auswirkungen/Betroffene	...
Ursache	☐ Teamfehler ☐ Qualitätsfehler ☐ Firmenexterner Fehler ☐ Mitarbeiterfehler ☐ Sonstiges
Beschreibung der Ursache	...
Maßnahmen Verantwortlicher	...
Maßnahmeprotokoll	☐ Erfolgreich durchgeführt ☐ Nachgebessert ☐ Fehler besteht weiterhin
Vermeidungsmöglichkeiten für die Zukunft	...

Das Fehlerprotokoll halte ich für Sie auf meiner Homepage zum Ausdrucken bereit (*http://www.strassenberger.com*).

Außergewöhnliche Ideen für Mitarbeiter

Es gibt so viele Möglichkeiten, seine Mitarbeiter durch kleine Aufmerksamkeiten und liebe Gesten zu motivieren. Es sollte vor allem immer kreativ und persönlich wirken. Abwechslung ist viel motivierender und wird von Mitarbeitern höher bewertet als eine jährliche unpersönliche Weihnachtskarte mit Firmenlogo im Dezember. Zum Jahresende hin ist der Bedarf an Dankeskarten und kleinen Aufmerksamkeiten sowieso weitestgehend gedeckt.

Aufmerksamkeiten zu bestimmten Anlässen

- **Weihnachtslotterie:** Wenn es doch weihnachtlich sein soll: Sammeln Sie alle Weihnachtsgeschenke, die Sie von Kunden und anderen Firmen überreicht bekommen und veranstalten Sie damit eine Weihnachtslotterie für Ihre Mitarbeiter. Jeder darf eine Nummer ziehen und erhält das Geschenk, an dem die gleiche Nummer klebt. So werden die Geschenke gerecht verteilt. Mit den dadurch eingesparten Ausgaben für Mitarbeitergeschenke können Sie sich gemeinsam für ein karitatives Projekt entscheiden, in das Sie dieses Geld investieren wollen.
- **Nikolaus:** Zu Nikolaus können Sie selbst mit einer Schale Lebkuchen, Nüssen und Mandarinen von Mitarbeiter zu Mitarbeiter gehen.
- **Zur Spargelzeit:** Eine Portion frischer Spargel mit Kochrezept wie ein Blumenstrauß drapiert wirkt auf den Schreibtischen sowohl edel als auch nützlich.
- **Im Frühling** bringen Sie mit einer Tulpe Farbe auf jeden Schreibtisch
- **Hitzewasser** – bei über 30 Grad Celsius im Sommer bekommt jeder Mitarbeiter täglich zwei Flaschen Mineralwasser auf den Schreibtisch gestellt. Auch über ein Eis am Nachmittag freut sich jeder in der sommerlichen Hitze ausharrende Mitarbeiter.

- **Herbstwetter:** Wenn der nasskalte Herbst Einzug hält, stellen Sie in der Kaffeeküche einen Wasserkocher mit einer Auswahl an Teesorten, Honig und Vitamin-C-Tabletten als Vorbeugung gegen Erkältungskrankheiten auf.
- **Geburtstag:** Zeigen Sie Ihrem Mitarbeiter, wie sehr Sie ihn das ganze Jahr über schätzen, indem Sie ihm an seinem Geburtstag mit einem Frühstück an seinem Schreibtisch überraschen. Begrüßen Sie ihn bereits am Eingang, indem Sie ein Gratulationsplakat an die Türe hängen. Die Kunden dürfen es ruhig sehen.

Worüber sich Mitarbeiter das ganze Jahr freuen

- **Vitamine bei der Arbeit:** Neben einem Kaffeeautomaten bringt eine Saftpresse Ihre Mitarbeiter in Schwung.
- **Für die Freizeit:** Handeln Sie Spezialkonditionen für ein Wintersporthotel aus und informieren Sie Ihre Mitarbeiter darüber.
- **Mitbringsel:** Wenn ich für einige Tage unterwegs bin, um meine Seminare abzuhalten, bringe ich ab und zu ein kleines, ortstypisches Mitbringsel für meine Mitarbeiter mit. (zur Weihnachtszeit einen Dresdner Stollen, falls ich in Dresden bin, Marzipan aus Lübeck …)
- Zeigt ein Teammitglied eine überdurchschnittlich hohe Einsatzbereitschaft, kommt ein Gutschein einer Reinigungsfirma sicher wie gerufen.
- Stellen Sie für hervorragende Leistungen ein Anerkennungszertifikat aus (persönlich geschrieben) und hängen Sie diese im Gang auf.

Teamgeist fördern durch Gemeinschaftsaktionen

- **Team-Weihnachtsbaum:** Dekorieren Sie gemeinsam einen kleinen Weihnachtsbaum, jeder darf eine Kugel, einen Engel oder ähnliches mitbringen und aufhängen. Das wirkt persönlicher als ein im Großmarkt fertig dekoriert gekaufter Weihnachtsbaum. Ein kleiner Wettbewerb, wer das kreativere Anhängsel mitbringt, ist durchaus erwünscht. Sie können neben dem Weihnachtsbaum auch einen „Wunschzettel" aufhängen. Jeder Mitarbeiter kann darauf Wünsche und Anregungen oder Verbesserungsvorschläge für die Arbeit machen. Prämieren Sie den besten Vorschlag und setzen Sie diesen zeitnah in die Tat um.

- **Wichteln Sie zu Weihnachten.** Gehen Sie mit einem Hut, in dem Zettel mit Namen Ihrer Mitarbeiter sind, herum und lassen Sie jeden einen ziehen. Jeder besorgt anschließend anonym ein Geschenk für den Mitarbeiter, dessen Name er gezogen hat (vereinbaren Sie eine Preisspanne für das Geschenk).
- **Jetzt geht es um die Wurst:** Im Sommer kann ein gemeinsames Grillfest auf der Dachterrasse des Büros für eine freundliche Atmosphäre sorgen. Spenden Sie einen Gutschein für den „Kanzleichampion" und lassen Sie sich einen Wettstreit einfallen, das kann je nach Location von einem Tischtennisturnier ausgetragen auf einem Schreibtisch bis hin zu einem Quiz reichen. Sie können auch einen Wurstschönheitswettbewerb veranstalten (Wer hat sich die schönste Wurst gegrillt?).
- **Gemeinsames Kochen:** Laden Sie zu einem gemeinsamen Kochen bei sich zu Hause ein, es darf ruhig ein bisschen eng werden. Herr Müller und Frau Klein sind zunächst in der Küche für die Vorspeise zuständig, Herr Weigand und Herr Mack kochen später die Hauptspeise ... Der Rest des Teams, der gerade keine Aufgabe hat, sitzt im Wohnzimmer gemütlich zusammen. Sie können dabei fleißig Ihre Videokamera zum Einsatz bringen und daraus später einen Teamfilm auf DVD brennen.
- **Reagieren Sie flexibel:** Als letztes Jahr die Kindergärten wegen eines Streiks der Erzieherinnen geschlossen blieben, räumte eine Stuttgarter Kanzlei kurzerhand eines der Büros aus und machte es zu einem provisorischen Betriebskindergarten. Alle Mitarbeiter mit Kind, die sonst einen Urlaubstag für die Kinderbetreuung hätten nehmen müssen, brachten ihre Kinder und einige Spielsachen mit. Im Spielzimmer kümmerte sich das Aupair des Kanzleiinhabers zusammen mit sich abwech-

selnden Mitarbeitern um den Nachwuchs. So konnte der Kanzleibetrieb aufrechterhalten werden und die Mitarbeiter sparten ihre Urlaubstage.

- **Gestalten Sie den Arbeitsplatz persönlicher:** Die Niederlassung einer Versicherungsgesellschaft hat die Räume der Büros nach den Namen ihrer Mitarbeiter benannt. So wurde zum Beispiel das Büro von Frau Berger zum Simone-Berger-Zimmer, das neben der Claus-Classen-Suite liegt. – Statt nüchterner Namensschildchen auf den Schreibtischen können Sie Ihre Mitarbeiter bei der Arbeit fotografieren und diese Bilder zusammen mit den dazugehörigen Namen an den Arbeitsplätzen aufhängen. Der Freudefaktor ist dabei ungleich höher.

7.

Top Service-Ideen für die Praxis

Außergewöhnlicher Kundenservice erfordert vor allem Kreativität und eine gute Beobachtungsgabe. Haben Sie erst einmal entdeckt, was für ein Extra zu Ihrem Unternehmen passt und welches Potenzial in manchen äußeren Gegebenheiten steckt, werden Sie sich wundern, dass Ihnen das nicht schon früher eingefallen ist. Zur Inspiration habe ich Beispiele von außergewöhnlichen Serviceerlebnissen zusammengestellt:

Guter Service von Anfang an

Der genervte Gesichtsausdruck der Mandanten, wenn sie bei ihrem Erstbesuch gebeten wurden, ein Anmeldeformular auszufüllen, inspirierte eine Berliner Kanzlei dazu, aus dieser notwendigen Formalität ein Wohlfühlerlebnis zu machen. Der Mandant wird sofort begrüßt und nach Ablegen seiner Garderobe zu einer Ledersitzgruppe geführt. Bei einem Getränk seiner Wahl nimmt die Kanzleiangestellte die notwendigen Daten auf. Ähnlichkeiten zu Hotels der gehobenen Klasse sind hier durchaus gewollt und erhöhen den Wohlfühlfaktor.

Vierbeinige Sympathieträger

Der Schlüssel zum Herz von Tierfreunden liegt in ihren Vierbeinern. Deswegen beschränkt sich die Aufmerksamkeit in einer Kanzlei in der Nähe von Düsseldorf nicht auf die Mandanten, auch deren Hunde werden dort willkommen geheißen. Hektor, Pollux und Waldi erhalten dort als Willkommensgeschenk einen Hundeknochen oder ein quietschendes Spielzeug. Während der Mandant einen Kaffee gereicht bekommt, erhält der Vierbeiner eine Schüssel mit frischem Wasser, dazu wird er – ebenso wie sein Herrchen – mit seinem Namen angesprochen. Die Kanzlei wird nicht nur von Zweibeinern weiterempfohlen …

Ein Nachteil ist ein Vorteil!

Ein Luxushotel ohne ausreichende Parkplätze ruft normalerweise Unmut hervor bei den anspruchsvollen Gästen. Das Dresdner Hotel Hilton hat dieses Problem zu einem theatralischen Service mit Stil inspiriert. Schon bei der Anfahrt wird der Gast von einem uniformierten Pagen höflich angehalten und an die Rezeption gebeten. Das Gepäck erwartet den Gast dann bereits auf dem Zimmer. Das Auto wird vom Personal geparkt und bei Bedarf wieder vor den Eingang gebracht. Hier wird mondänes Lebensgefühl zelebriert und das nur durch einen vermeintlichen Nachteil.

Gegebene Faktoren nutzen

Jedes Mal, wenn ich mein Auto in eine endlich freigewordene Parkbucht lenke und wieder einmal ohne passendes Kleingeld vor dem Parkautomaten stehe, frage ich mich, warum noch kein Geschäft das Angebot, Münzen zu wechseln, als Kundenmagnet groß ins Schaufenster gehängt hat. Es erfordert nur, dass Sie genügend Wechselgeld vorrätig haben, die finanziellen Ausgaben dafür sind gleich null. Ein freundliches Lächeln und die kleine Handreichung des Münzwechselns bringt Ihnen ein freundliches Dankeschön und – wer weiß – demnächst einen neuen Kunden. Warum ich immer in Geschäfte gerate, in denen mir eine mürrische Verkäuferin entgegenschleudert: „Schon wieder eine ohne Parkgeld“, ist mir ein Rätsel. Umso begeisterter war ich, als ich vom Service einer Versicherungsgesellschaft in der Nähe von Dresden hörte. Sie bestätigt ihren Kunden den Termin am gleichen Tag mit gleichzeitiger Parkplatzreservierung.

Dem Kunden ist die Wartezeit zu kurz

Das Wartezimmer in Ihrer Kanzlei muss für sich sprechen, denn dort verbringt der Kunde seine Zeit ohne persönliche Betreuung, und Warten ist sowieso nicht sehr weit oben auf der Beliebtheitsskala. Einen kleinen Trost bieten die häufig bereitgestellten Getränke, Kaffeemaschinen, Zeitungen und Magazine. Auch Spielecken erfreuen Eltern und Kinder. Meine Einstellung zum Warten veränderte sich aber schlagartig, als ich bei meinem langjährigen Steuerberater meine Lieblingszeitschrift entdeckte, ein Service, der den Stammkunden dieser Kanzlei Freude bereitet, ebenso wie eine Auswahl an Lesebrillen und einer Lupe, die für das reifere Klientel bereitgehalten wird.

Ein gern gesehenes Angebot ist es, wenn Unternehmer für das momentan allgemein stark ausgeprägte Quiz- und Rätsel-Interesse Angebote bereitstellen (Sudokus, Kreuzworträtsel, Duftproben erraten ...). Sie können auch im Sommer zum Beispiel ein kleines Gewinnspiel starten, indem Sie eine mächtige Wassermelone im Wartezimmer aufstellen und Ihre Kunden bitten, das Gewicht zu schätzen. Bei Beendigung des Gewinnspiels erhalten alle Kunden, die an diesem Tag zu Ihnen kommen, eine Scheibe der Melone.

Zuvorkommend mit Internet und Mobiltelefon

Ein verpasster Termin ist sowohl für einen Dienstleistungsunternehmer als auch für den Kunden, der mitunter seit Tagen auf den Termin wartet, eine unangenehme Angelegenheit. Um dieses Problem für beide Seiten zu lösen, bietet eine Treuhandgesellschaft einen SMS-Service an. Der Mandant wird 24 Stunden vor dem Termin mit einer Nachricht auf das Mobiltelefon daran erinnert. Derselbe Treuhänder bietet seinen Mandanten im Wartezimmer auch einen Internetzugang an. Mandanten können so die Wartezeit effizient zum Arbeiten am Laptop nutzen und ihre E-Mails abfragen.

Für die jungen Bau-Herren und -Damen

Es sind häufig junge Eltern, die ihren Hausbau planen. Damit die Erwachsenen mit dem Architekten ihr Haus in Ruhe besprechen können, sollte die Familie zweigeteilt werden. Die Erwachsenen lassen sich von dem Architekten für das große Haus beraten, während die jungen Bau-Herren und -Damen ihr Traumhaus in der Kinderecke planen: mit Papier und Buntstiften für den Bauplan (hängen Sie Beispielbaupläne in die Nähe). Ist der Bauplan fertig, kann er mit den bereitliegenden Riesenlegobausteinen verwirklicht werden (Bauarbeiterhelme sind auch hier Vorschrift auf der Baustelle). Als Vorabgeschmack für das „Große Haus“, kann die Familie sich zum Schluss des Termins vor dem Legohaus aufstellen und Sie machen ein Polaroidfoto. Dieses Foto wird im später fertiggestellten Haus zusammen mit den farbigen Bauplänen sicher einen Ehrenplatz erhalten.

In die zukünftigen Kunden investieren

Ein Kind ist für jeden Kunden, egal ob männlich oder weiblich, ein einschneidendes Ereignis. Deswegen freut sich der Kunde, wenn Sie ebenfalls daran Anteil nehmen. Blumensträuße sind in vielen Krankenhäusern sowieso auf dem Zimmer unerwünscht, außerdem freuen sich Eltern über bleibende, nützliche Geschenke viel mehr:

- Zukunftsträchtig ist ein Sparbuch mit Startguthaben auf den Namen des Kindes.
- Gebrauchsorientiert sind Wärmflasche, Kirschkernkissen, ein Sortiment mit Babypflegeartikeln, ein Monatsvorrat Windeln, ein Wellnessgutschein in einer Massagepraxis für die Mami, eine CD mit Schlafliedern, ein Bobbycar, ein Wickelrucksack.
- Idealistisch ist es, einen Stern urkundlich auf den Namen des Kindes taufen zu lassen. Dafür gibt es seriöse Zertifikate, ebenso können Sie mit Urkunde ein paar Quadratmeter Regenwald für den neuen Erdenbürger kaufen.
- Persönlich: Ist ein Mann besonders stolz auf seine Vaterschaft, kann auch eine Baseballkappe mit der Aufschrift Super-Dad und eine symbolische Zigarre ein Lächeln auf seine Lippen zaubern.

Urlaub

Ein geplanter Urlaub, von dem Ihnen ein besonders guter Kunde erzählt, bietet viele Möglichkeiten, um ihm eine persönliche Aufmerksamkeit zukommen zu lassen. Eine Kanzlei hat ihren langjährigen Stammkunden (VIP-

Kunden) nach dem Beratungsgespräch eine Sonnenschutzcreme geschenkt, da dieser in den Urlaub ging. Ebenso gut kommen ein Badetuch, eine Badetasche, ein Reisebuch mit Geschichten und Anekdoten aus aller Welt oder eine Telefonkarte für das jeweilige Land an. Mit einer fertig gepackten Reiseapotheke beweisen Sie, dass Sie an der Sicherheit Ihres Kunden interessiert sind. Mit einer gesponserten Fahrt zum Flughafen mit dem Taxi oder mit dem Zug erster Klasse zeigen Sie, wie sehr Ihnen seine Bequemlichkeit am Herzen liegt. Wenn ihn bei seiner Rückkehr eine Karte erwartet mit „Willkommen zu Hause" und dazu eine „Après soleil"-Lotion, wird er sich bei Ihnen gut aufgehoben fühlen.

Kanzlei-News

Lassen Sie sich von Ihren Mitarbeitern ihre schönsten berufliche Erlebnisse erzählen und halten Sie diese schriftlich fest. Diese werden im Wartebereich als Faltblatt ausgelegt. Das fördert nicht nur den positiven Eindruck Ihrer Kunden, sondern auch den Zusammenhalt im Team.

Vitamin C fürs Vitamin B

Ein hocherfreuter Kunde rief mich letzten Winter in meinem Büro an. In unserem letzten Telefonat hatte er sich mit heiserer Stimme über seinen fürchterlichen Husten und Schnupfen beklagt. Die darauf von uns an ihn entsandte Packung Hustentee und die Vitamin C-Tabletten taten ebenso ihre Wirkung wie die schöne Überraschung an sich.

Außergewöhnliche Geschenke für Kunden

- Laden Sie Ihren Kunden auf ein Event nach seinem Geschmack ein. (Konzert, Oper, Fußballspiel, Motorradrennen ...)
- Mit einem Jahresabonnement für eine Zeitschrift mit dem richtigen Thema machen Sie Ihrem Kunden eine Freude und Sie demonstrieren damit, dass Sie seine privaten Interessen kennen.

Beliebte Gutscheine wie

- Kinobesuch mit Popcorn und Cola
- ein Aufenthalt in einem Wellnesshotel
- ein Kursus für Cocktails mixen
- ein Kochkursus bei einem Sternekoch
- eine Einweisung in die Geheimnisse des Bierbrauens
- ein Sicherheitstraining für Auto-/Motorradfahrer
- eine Fahrt im Heißluftballon
- ein Tanzkursus
- ein Kletterkursus
- ein Betrag für eine Einkaufstour
- eine Stunde im Flugsimulator
- ein Helikopterrundflug

Fachspezifische Aufmerksamkeit

Ein Fachanwalt für Verkehrsrecht überreicht seinen Mandanten im Winter zum Abschied ein Enteisungsspray und wünscht allzeit gute Fahrt! Bei weniger spezialisierten Anwälten tut hier beispielsweise ein Energieriegel oder ein Vitamindrink mit dem Wunsch für einen weiteren erfolgreichen Arbeitstag seinen Dienst.

Verleihen Sie Ihrem Kunden einen „Oscar"

Eine Steuerkanzlei verleiht regelmäßig das Zertifikat „Kunde des Jahres". Der Gewinner wird gemeinsam von allen Mitarbeitern ausgesucht und erhält neben einer Urkunde ein kleines Geschenk. Außerdem wird er – sein Einverständnis vorausgesetzt – auf der Unternehmenshomepage veröffentlicht.

Abholservice

Zum weiteren Komfortgewinn hat eine Steuerberatungskanzlei mit einem Taxiunternehmen Sonderkonditionen ausgehandelt. Besonders reifere Kunden freuen sich, wenn sie bei der erstmaligen Terminvereinbarung das Angebot erhalten, dass ein Taxi sie bequem von zu Hause abholt und nach der Beratung auch wieder nach Hause bringt. Die Taxireservierung übernimmt dabei die Kanzlei, so ist gewährleistet, dass der Mandant pünktlich zum Termin erscheint.

Den Abschied versüßen

Sehr fürsorglich fand ich die Obstschale am Empfang einer Anwaltskanzlei. Auf einem Kärtchen davor war Folgendes zu lesen: *„Nimm mich mit. Ich bin sehr saftig und voller Vitamine. Beißen Sie herzhaft zu und danke, dass Sie in unserer Gegend waren!"*

Ebenfalls einen süßen Abschied erhält der Klient durch einen in knisterndes Goldpapier eingepackten Glückskeks, der die Neugier anregt. Werbehersteller bieten diese Kekse mit individuellen Weisheiten darin an.

Sehr zweckmäßig ist es, immer ein paar Regenschirme mit Firmenlogo bei der Hand zu haben. Bei schlechtem Wetter erhält der Mandant beim Verabschieden einen Schirm überreicht.

Infobox

Sie haben in Ihrem Unternehmen einen außergewöhnlichen Service, der Ihre Kunden begeistert? Schreiben Sie mir von Ihrer Idee. Als Dankeschön erhalten Sie die vollständige Sammlung außergewöhnlicher Serviceideen meiner Leser und Kunden (E-Mail an: *musold@strassenberger.com*).

8.

Fangen Sie jetzt an mit außergewöhnlicher Kundenbetreuung

Nun sind Sie am Zuge: Zeigen Sie, was Sie dem Kunden zu bieten haben. Machen Sie sich gemeinsam mit Ihren Mitarbeitern und mithilfe der Kundenkontaktpunkt-Analyse auf den Weg und überprüfen Sie Ihren Ist-Zustand. Wenn Sie alle internen Abläufe unter die Lupe genommen haben, können Sie sich anschließend von den komplizierten Arbeitsabläufen verabschieden und schaffen somit mehr Freiräume für einen guten und außergewöhnlichen Service. Sie können somit Ihr Unternehmen auf die Wünsche der Kunden gezielt ausrichten. Denn die Kunden sind Ihre Auftraggeber, Ihre Zukunft und Ihre Daseinsberechtigung.

Und wenn sie es in Ihrem Unternehmen schaffen, eine außergewöhnliche Kundenbetreuung anzubieten, dann können Sie sich es auch leisten, Ihren Kunden folgendes Versprechen zu geben: *„Wenn Sie mit der Leistung nicht zufrieden sind, so erhalten Sie den gezahlten Betrag zurück – ohne Wenn und Aber.“* – Das ist keineswegs eine Beraterfloskel. Mein Unternehmen macht dieses Versprechen seit 18 Jahren und ich möchte es noch in vielen Jahren jedem Kunden persönlich aussprechen. Das funktioniert, weil mein Team und ich von unserer Leistung überzeugt sind. Jeder einzelne meiner Mitarbeiter ist motiviert, ohne Dienst nach Vorschrift-Gedanken, sondern aus Interesse am Ergebnis. Zusammen achten wir laufend auf Verbesserungsmöglichkeiten und Veränderungen der Kundenbedürfnisse. So fühlen wir den Puls der Zeit und wissen, was unsere Kunden wollen. Wir glauben, dass Veränderung nicht Gefahr, sondern Fortschritt und Verbesserung bedeutet. Überlegen Sie sich, wie Sie mit außergewöhnlicher Kundenbetreuung erfolgreicher werden können, wir helfen Ihnen gerne dabei!

Literaturverzeichnis

Arndt, Roland: Empfehlungsmanagement. Metropolitan, Düsseldorf 2002

Billen, Birgit; Schmitz, Lilo: Lösungsorientierte Mitarbeitergespräche. Redline Wirtschaft, Heidelberg 2005

Brandes, Dieter: Einfach managen. Redline Wirtschaft, Frankfurt 2002

Bruhn, Manfred; Homburg, Christian: Handbuch Kundenbindungsmanagement. Gabler, Wiesbaden 2000

Cialdini, Robert B.: Die Psychologie des Überzeugens. Huber, Bern 2007

Covey, Stephen R.: Die sieben Wege zur Effektivität. Heyne, München 2000

Dietze, Ulrich: Reklamationen professionell behandeln. Verlag Moderne Industrie, Landsberg 1997

Etrillard, Stéphane: Spitzengespräche. Junfermann, Paderborn 2003

Fink, K.-J.: Empfehlungsmarketing. Königsweg der Neukundengewinnung. Gabler, Wiesbaden 2005

Fisher, Roger u.a.: Das Harvard Konzept. Campus, New York/Frankfurt 2004

Förster, Anja; Kreuz, Peter: Alles, außer gewöhnlich. Econ, Berlin 2007

Fournies, Ferdinand: Warum Mitarbeiter nicht tun, was sie tun sollten. Walhalla Fachverlag, Regensburg 2007

Gladwell, Malcolm: Der Tipping Point. Berlin Verlag, Berlin 2000

Godin, Seth: Purple Cow. Campus, Frankfurt/New York 2004

Goulding, Mary: Kopfbewohner oder: Wer bestimmt dein Denken. Junfermann Verlag, Paderborn 2000

Haas, Bernhard; von Troschke, Bettina: Beschwerdemanagement. Gabal, Offenbach 2007

Haeske, Udo: Teamentwicklung. Cornelsen, Berlin 2008

Haeske, Udo: Kommunikation mit Kunden. Cornelsen, Berlin 2008

Haeske, Udo: Team- und Konfliktmanagement. Cornelsen, Berlin 2008

Harris, Godfrey: Empfehlen Sie uns weiter. Signum, Wien 1999

Hierhold, Emil; Laminger, Erich: Gewinnend argumentieren. Ueberreuter, Wien 1995

Höhler, Gertrud: Warum Vertrauen siegt. Ullstein, Berlin 2005

Höhler, Gertrud: Herzschlag der Sieger, Ullstein, 2004

Homburg, Christian u.a.: Sales Excellence. Gabler, Wiesbaden 2002

Horx, Matthias: Trend-Report 2007. Zukunftsinstitut, Kelkheim 2006

Junge, Wolfgang H. C.: Kundengespräche souverän meistern. Gabler, Wiesbaden 2003

Kobjoll, Klaus: Wa(h)re Herzlichkeit. Orell Füssli, Zürich 2007

König, Eckard; Weth, Stephan: Das Mandantengespräch. Juris, Saarbrücken 2004

Luther, Miachael; Gründonner, Jutta: Königsweg Kreativität. Junfermann, Paderborn 1998

Malischewski, Thomas; Thiel, Frank: Beziehungsmanagement. Gabal, Offenbach 2005

Meier, Rolf: Erfolgreiche Teamarbeit. Gabal, Offenbach 2008

Neuland, Rudi: Der Gegenschrei. Neuland, Künzell 1999

Obermüller, Christian: Reklamation als Chance. Signum, Wien 2007

Preuß-Scheuerle, Birgit: Praxishandbuch Kommunikation. Gabler, Wiesbaden 2004

Quartapelle, Alberto Q.: Kundenzufriedenheit. Springer, Berlin 1996

Reichheld, Frederick F.: Loyalty Rules. Harvard Business School Press. Boston 2001

Reichheld, Frederick F.; Bain & Company: Der Loyalitäts-Effekt. Campus, Frankfurt/New York 1997

Reichheld, Frederick F.: Mundpropaganda als Maßstab für den Erfolg. Harvard Business Manager, Boston 2004

Roth, Gerhard: Aus Sicht des Gehirns. Suhrkamp, Frankfurt 2003

Schmitt, Bernd H.; Mangold, Marc: Kundenerlebnis als Wettbewerbsvorteil. Gabler, Wiesbaden 2004

Schüller, Anne M.: Zukunftstrend Kundenloyalität. Endlich erfolgreich – durch loyale Kunden. BusinessVillage, Göttingen 2005

Schüller, Anne M.: Zukunftstrend Empfehlungsmarketing. BusinessVillage, Göttingen 2008

Seidel, Alina: Kundenorientierte Kommunikation. Deutscher Universitäts-Verlag, Wiesbaden 2007

Stöger, Gabriele; Stöger, Hans: Besser verkaufen mit Glaubwürdigkeit und Sympathie, Orell Füssli Verlag AG, Zürich 2000

Smidt, W; Marzian, S. H.: Brennpunkt Kundenwert. Springer, Heidelberg 2001

Sonnenschein, Martin u.a.: Customer Energy. Gabler, Wiesbaden 2006

Sprenger, Reinhard K.: Vertrauen führt. Campus, Frankfurt 2002

Staminski, Wolfang: Mythos Kundenorientierung. Campus, Frankfurt/New York 1998

Urchs, Ossi; Körner, Alexander: Mundpropaganda Marketing. Marketing-Börse GmbH, Waghäusel 2007

Ury, William L.: Schwierige Verhandlungen. Heyne Business, München 1991

Voß, Günter G.: Der arbeitende Kunde. Campus, Frankfurt 2006

Zaiss, Carl D.; Gordon, Thomas: Das Verkäuferseminar. Campus, Frankfurt/New York 1995

Zanetti, Daniel: 1001 Tipps zur Mitarbeitermotivation. Redline Wirtschaft, Heidelberg 2002

Zanetti, Daniel: Vom Know-how zum Do-how. Econ, Berlin 2006

Zanetti, Daniel: Kundenverblüffung. Redline Wirtschaft, Heidelberg 2005

Zemke, Ron; Anderson, Kristin: Umwerfender Service. Campus, Frankfurt 2002

Zukunftsinstitut GmbH (Hrsg.): Female Forces. Zukunftsinstitut, Kelkheim 2004

www.BusinessVillage.de

BusinessVillage – Update your Knowledge!

Edition Praxis.Wissen je 21,80 Euro *

Persönlicher Erfolg

559 Projektmanagement kompakt – Systematisch zum Erfolg, Stephan Kasperczyk; Alexander Scheel
583 Free your mind – Das kreative Selbst, Albert Metzler
596 Endlich frustfrei! Chefs erfolgreich führen, Christiane Drühe-Wienholt
624 Gesprächsrhetorik, Stéphane Etrillard
631 Alternatives Denken, Albert Metzler
646 Geschäftsbriefe und E-Mails – Schnell und professionell, Irmtraud Schmitt
721 Intuition – Die unbewusste Intelligenz, Jürgen Wunderlich
733 Limbic Mind – Die intelligente Schlagfertigkeit, Christine Lehner; Sabine Weihe
754 Einfach gesagt – Wenn jeder plötzlich zuhört und versteht, Oliver Groß

Präsentieren und konzipieren

590 Konzepte ausarbeiten – schnell und effektiv, Sonja Klug
632 Texte schreiben – Einfach, klar, verständlich, Günther Zimmermann
635 Schwierige Briefe perfekt schreiben, Michael Brückner
625 Speak Limbic – Wirkungsvoll präsentieren, Anita Hermann-Ruess

Richtig führen

555 Richtig führen ist einfach, Matthias K. Hettl
614 Mitarbeitergespräche richtig führen, Annelies Helff; Miriam Gross
616 Plötzlich Führungskraft, Christiane Drühe-Wienholt
629 Erfolgreich Führen durch gelungene Kommunikation, Stéphane Etrillard; Doris Marx-Ruhland
638 Zukunftstrend Mitarbeiterloyalität, 2. Auflage, Anne M. Schüller
643 Führen mit Coaching, Ruth Hellmich

Vertrieb und Verkaufen

562 Vertriebsmotivation und Vertriebssteuerung, Stéphane Etrillard
606 Sell Limbic – Einfach verkaufen, Anita Hermann-Ruess
619 Erfolgreich verhandeln, erfolgreich verkaufen, Anne M. Schüller
664 Best-Selling – Verkaufen an die jungen Alten, Stéphane Etrillard
668 Mystery Shopping, Ralf Deckers; Gerd Heinemann
726 Sog-Selling – Einfach unwiderstehlich verkaufen, Stéphane Etrillard
753 Zukunftstrend Empfehlungsmarketing, 2. Auflage, Anne M. Schüller
759 Events und Veranstaltungen professionell managen, 2. Auflage, Melanie von Graeve

PR und Kommunikation

549 Professionelles Briefing – Marketing und Kommunikation mit Substanz, Klaus Schmidbauer
557 Krisen PR – Alles eine Frage der Taktik, Frank Wilmes
569 Professionelle Pressearbeit, Annemike Meyer
594 1×1 für Online-Redakteure und Online-Texter, Saim Rolf Alkan
595 Interne Kommunikation. Schnell und effektiv, Caroline Niederhaus
653 Public Relations, Hajo Neu, Jochen Breitwieser
691 Wie Profis Sponsoren gewinnen, 2. Auflage, Roland Bischof

Online-Marketing

690 Erfolgreiche Online-Werbung, 2. Auflage, Marius Dannenberg; Frank H. Wildschütz
692 Effizientes Suchmaschinen-Marketing, 2. Auflage, Thomas Kaiser
731 Was gute Webseiten ausmacht, Tobias Martin; Andre Richter

BusinessVillage – Update your Knowledge!

Edition Praxis.Wissen je 21,80 Euro *

Marketing

546 Telefonmarketing, Robert Ehlert; Annemike Meyer
566 Seniorenmarketing, Hanne Meyer-Hentschel; Gundolf Meyer-Hentschel
567 Zukunftstrend Kundenloyalität, Anne M. Schüller
574 Marktsegmentierung in der Praxis, Jens Böcker; Katja Butt; Werner Ziemen
612 Cross-Marketing – Allianzen, die stark machen, Tobias Meyer; Michael Schade
647 Erfolgsfaktor Eventmarketing, Melanie von Graeve
661 Allein erfolgreich – Die Einzelkämpfermarke, Giso Weyand
712 Der WOW-Effekt – Kleines Budget und große Wirkung, Claudia Hilker

Unternehmensführung

622 Die Bank als Gegner, Ernst August Bach; Volker Friedhoff; Ulrich Qualmann
634 Forderungen erfolgreich eintreiben, Christine Kaiser
656 Praxis der Existenzgründung – Erfolgsfaktoren für den Start, Werner Lippert
657 Praxis der Existenzgründung – Marketing mit kleinem Budget, Werner Lippert
658 Praxis der Existenzgründung – Die Finanzen im Griff, Werner Lippert
700 Bankkredit adieu! Die besten Finanzierungsalternativen, Sonja Riehm; Ashok Riehm
701 Das perfekte Bankgespräch, Jörg T. Eckhold; Hans-Günther Lehmann; Peter Stonn
755 Der Bambus-Code – Schneller wachsen als die Konkurrenz, Christian Kalkbrenner; Ralf Lagerbauer

Edition BusinessInside +++ Neu +++

693 Web Analytics – Damit aus Traffic Umsatz wird, Frank Reese, 287 S., 34,90 €
714 Professionelles Projektmanagement in Kultur und Event, Wolf Rübner; Ulrich Wünsch, 250 S., 24,80 €
741 Online-Communities im Web 2.0, Miriam Godau; Marco Ripianti, 200 S., 34,90 €
756 Trends erkennen – Zukunft gestalten, Ralf Deckers; Gerd Heinemann, 212 S., 34,80 €

BusinessVillage Fachbücher – Einfach noch mehr Wissen

598 Geburt von Marken, Busch; Käfer; Schildhauer u.a.; 39,80 Euro
679 Speak Limbic – Das Ideenbuch für wirkungsvolle Präsentationen, Anita Hermann-Ruess, 79,00 €
688 Performance Marketing, 2. Auflage, Thomas Eisinger; Lars Rabe; Wolfgang Thomas (Hrsg.), 39,80 €
771 Erfolgreich Selbstständig 2008/2009, Detlef Kutta; Karsten Mühlhaus (Hrsg.), 9,95 €
725 BrandNameChange, Hans H. Hamer, 49,00 €
745 Was im Verkauf wirklich zählt!, Walter Kaltenbach; 24,80 €

Sachbücher

603 Die Kunst der Markenführung, Carsten Busch; Sonja Kastner; Christina Vaih-Baur, 160 S., 17,90 €
700 Bankkredit adieu! Die besten Finanzierungsalternativen, Sonja Riehm; Ashok Riehm, 207 S., 24,80 €
730 High Probability Selling – Verkaufen mit hoher Wahrscheinlichkeit, Werth; Ruben; Franz, 228 S., 24,80 €
757 Die Exzellenz-Formel – Das Handwerkszeug für Berater, J. Osarek; A. Hoffmann, 300 S., 39,80 €
769 Selbstvermarktung freihändig, Jens Kegel, 240 S., 24,80 €
782 Außergewöhnliche Kundenbetreuung, Maria A. Musold, 224 S., 24,80 €
788 Ihr starker Auftritt, Eva Ruppert, 170 S., 17,90 €

www.BusinessVillage.de

Bücher für Ihren Erfolg

Neu 2009

Eva Ruppert
Ihr starker Auftritt
188 Seiten • 17,90 Euro
ISBN 978-3-938358-90-0
Art.-Nr. 788

Neu 2009

Jens Kegel
Selbstvermarktung freihändig
242 Seiten • 24,80 Euro
ISBN 978-3-938358-83-2
Art.-Nr. 769

Topseller

Werth • Ruben • Franz
High Probability Selling
232 Seiten • 24,80 Euro
ISBN 978-3-938358-55-9
Art.-Nr. 730

Neu 2009

Busch • Kastner • Vaih-Baur
Die Kunst der Markenführung
160 Seiten • 17,90 Euro
ISBN 978-3-934424-81-4
Art.-Nr. 603

Neu 2009

Frank Reese
Web Analytics – Damit aus Traffic Umsatz wird
2. Auflage
287 Seiten • 34,90 Euro
ISBN 978-3-938358-71-9
Art.-Nr. 693

Godau • Ripanti
Online-Communitys im Web 2.0
214 Seiten • 34,90 Euro
ISBN 978-3-938358-70-2
Art.-Nr. 741

Kasperczyk • Scheel
Projektmanagement kompakt
110 Seiten • 21,80 Euro
ISBN 978-3-934424-92-0
Art.-Nr. 559

Neu 2009

Deckers • Heinemann
Trends erkennen – Zukunft gestalten
216 Seiten • 34,80 Euro
ISBN 978-3-938358-78-8
Art.-Nr. 756

Kalkbrenner • Lagerbauer
Der Bambus-Code – Schneller wachsen als die Konkurrenz
122 Seiten • 21,80 Euro
ISBN 978-3-938358-75-7
Art.-Nr. 755

Topseller

Anita Hermann-Ruess
Speak Limbic – Wirkungsvoll präsentieren
128 Seiten • 21,80 Euro
ISBN 978-3-938358-27-6
Art.-Nr. 625

Sonja Ulrike Klug
Konzepte ausarbeiten – schnell und effektiv
3. Auflage
127 Seiten • 21,80 Euro
ISBN 978-3-938358-82-5
Art.-Nr. 772

Topseller

Anne M. Schüller
Zunkunftstrend Empfehlungsmarketing
2. Auflage
141 Seiten • 21,80 Euro
ISBN 978-3-938358-63-4
Art.-Nr. 753

www.BusinessVillage.de • Update your Knowlegde

Expertenwissen auf einen Klick

...

Gratis Download:
MiniBooks – **Wissen in Rekordzeit**

MiniBooks sind Zusammenfassungen ausgewählter BusinessVillage Bücher aus der Edition PRAXIS.WISSEN. Komprimiertes Know-how renommierter Experten – für das kleine Wissens-Update zwischendurch.

Wählen Sie aus mehr als zehn MiniBooks aus den Bereichen:
Erfolg & Karriere, Vertrieb & Verkaufen, Marketing und PR.

➔ www.BusinessVillage.de/Gratis

BusinessVillage
Update your Knowledge!

Verlag für die Wirtschaft